Berichte aus dem
Institut für Umformtechnik
der Universität Stuttgart

Herausgeber: Prof. Dr.-Ing. K. Lange

83

A. Erman Tekkaya

Ermittlung von Eigenspannungen in der Kaltmassivumformung

Mit 60 Abbildungen und 2 Tabellen

Springer-Verlag
Berlin   Heidelberg   New York   Tokyo   1986

A. Erman Tekkaya, MSc. (Eng.), BSc. (Eng.)
Institut für Umformtechnik
Universität Stuttgart

Dr.-Ing. Kurt Lange
o. Professor an der Universität Stuttgart
Institut für Umformtechnik

D 93

ISBN-13: 978-3-540-16498-2   e-ISBN-13: 978-3-642-82799-0
DOI: 10.1007/ 978-3-642-82799-0

Gesamtherstellung: Copydruck GmbH, Offsetdruckerei, Industriestraße 1-3, 7258 Heimsheim
Telefon 0 70 33/38 25-26
2362/3020—543210

Die Umformtechnik zeichnet sich durch sehr gute Werkstoffaus-
wertung und hohe Mengenleistung in der Serienfertigung gegenüber anderen Fertigungsverfahren aus, wobei Beibehaltung der
Masse, Änderung der Festigkeitseigenschaften während eines Vor-
gangs und elastische Rückfederung der Werkstücke nach einem
Vorgang wesentliche Merkmale sind. Weiter sind die benötigten
Kräfte, Arbeiten und Leistungen sehr viel größer als z.B. bei
spanenden Verfahren. Die sichere Beherrschung eines Verfahrens
in der industriellen Fertigung und die zunehmende Forderung
nach Vermeidung bzw. Minimierung spanender Nacharbeit erzwingen
die geschlossene Betrachtung des Systems "Umformende Fertigung"
unter zentraler Berücksichtigung plastizitätstheoretischer,
werkstoffkundlicher und tribologischer Grundlagen.

Das Institut für Umformtechnik der Universität Stuttgart stellt
entsprechend Forschung und Entwicklung zum einen auf die Erar-
beitung von Grundlagenwissen in diesen Bereichen ab, zum anderen
untersucht und entwickelt es Verfahren unter Anwendung speziel-
ler Meßtechniken mit dem Ziel einer genauen quantitativen Ermittlung des Einflusses der Parameter von Vorgang, Werkstoff,
Werkzeug und Maschine. Die Behandlung von Problemen des Maschi-
nenverhaltens, der Maschinenkonstruktion sowie der Werkzeugaus-
legung und -beanspruchung, der Auswahl hochbeanspruchbarer,
verschleißfester Werkzeugbaustoffe und schließlich der Tribo-
logie gehört entsprechend ebenfalls zum Arbeitsgebiet, das
durch die Erfassung organisatorischer und betriebswirtschaft-
licher Fragen abgerundet wird.

Im Rahmen der "Berichte aus dem Institut für Umformtechnik" erscheinen in zwangloser Folge jährlich mehrere Bände, in denen
über einzelne Themen ausführlich berichtet wird. Dabei handelt
es sich vornehmlich um Abschlußberichte von Forschungsvorhaben,
Dissertationen, aber gelegentlich auch um andere Texte. Diese
Berichte sollen den in der Praxis stehenden Ingenieuren und
Wissenschaftlern zur Weiterbildung dienen und eine Hilfe bei
der Lösung umformtechnischer Aufgaben sein. Für die Studieren-

den bieten sie die Möglichkeit zur Vertiefung der Kenntnisse.
Die seit zwei Jahrzehnten bewährte freundschaftliche Zusammen-
arbeit mit dem Springer-Verlag sehe ich als beste Voraussetzung
für das Gelingen dieses Vorhabens an.

Kurt Lange

V o r w o r t

Die vorliegende Arbeit entstand während meiner Tätigkeit als wissenschaftlicher Mitarbeiter am Institut für Umformtechnik der Universität Stuttgart.

Herrn Professor Dr.-Ing. Kurt Lange danke ich für sein Vertrauen und seine zahlreichen Hinweise durch die er mich immer wieder auf die Zusammenhänge zwischen Theorie und Praxis aufmerksam gemacht hat.

Herrn Professor Dr.-Ing. Elmar Steck und Professor Dr.-Ing. Werner Schiehlen danke ich für die eingehende Durchsicht dieser Arbeit und die damit verbundenen Hinweise.

Grundlegende Fachdiskussionen mit Herrn Dr.-Ing. Karl Roll und Herrn Professor Dr. Russell L. Mallett haben zum Gelingen dieser Arbeit beigetragen, wofür ich ihnen ebenfalls danke.

Mein Dank gilt ferner allen Mitarbeiterinnen und Mitarbeitern des Instituts für Umformtechnik, die durch ihre Hilfe meine Arbeit unterstützt haben.

Die Mittel zur Durchführung dieser Arbeit wurden von der Stiftung Volkswagenwerk zur Verfügung gestellt. Mein Aufenthalt in Stuttgart wurde durch ein Stipendium des Deutschen Akademischen Austauschdienstes (DAAD) eingeleitet. Für diese Förderungen bin ich gleichfalls zu Dank verpflichtet.

Stuttgart, Dezember 1985

A. Erman Tekkaya

Inhaltsverzeichnis

<u>VERZEICHNIS DER WICHTIGSTEN ABKÜRZUNGEN</u>

ALLGEMEINE ZEICHEN

Symbol	Einheit	Bedeutung
$\{a\}$	mm/s	Vektor der Knotenpunktgeschwindigkeiten
A	mm^2	Fläche
$\{b\}$	mm	Vektor der Knotenpunktkoordinaten
$[\,B\,]$	1/mm	Formfunktionen für die Verzerrungsgeschwindigkeiten
$[\,C\,]$	1/mm	Formfunktionen für die Geschwindigkeiten
$\underline{D}$	1/s	Verzerrungsgeschwindigkeittensor
E	N/mm^2	Elastizitätsmodul
$\underline{E}$	–	Green-Lagrangescher Verzerrungstensor
$\underline{F}$	–	Deformationsgradient
G	N/mm^2	Schubmodul
$\underline{G}$	N/mm^2	Kirchhoffscher Spannungstensor
$\underline{H}$	N/mm^2	2. Piola-Kirchhoff-Spannungstensor
$\underline{I}$, $\underline{\underline{I}}$	–	Einheitstensor 2. bzw. 4. Stufe
J	–	Jacobische Determinante
k_f	N/mm^2	Fließspannung
K	N/mm^2	Kompressionsmodul
$\underline{L}$	1/s	Tensor der Geschwindigkeitsgradienten
$\underline{\underline{\mathscr{L}}}$	N/mm^2	elastisch-plastischer Stofftensor
$[\,N\,]$	–	Formfunktionen für Ortskoordinten, Verschiebungen und Geschwindigkeiten
$\underline{R}$	–	infinitesimaler Drehtensor
$\underline{S}$	N/mm^2	1. Piola-Kirchhoff-Spannungstensor
t	s	Zeitpunkt
$\underline{T}$	N/mm^2	Cauchyscher Spannungstensor
$\underline{u}$	mm	Verschiebung
$\underline{v}$	mm/s	Geschwindigkeit
V	mm^3	Volumen
W	N.mm	Arbeit
$\underline{W}$	1/s	Drehgeschwindigkeitstensor
x, y, z	mm	kartesische Koordinaten
$\underline{x}$	mm	Ortsvektor
α	Grad	halber Schulteröffnungswinkel
δ	–	virtuelle Änderung

Δ	–	endliche Änderung
$\underline{\underline{\varepsilon}}$	–	infinitesimaler Dehnungstensor
ϑ	–	Verfestigungsparameter
Θ	Grad	Braggscher Winkel
$\varkappa$	1/mm	Krümmung
λ	mm^2/N	Skalar im Prandtl-Reußschen Stoffgesetz
μ	–	Reibzahl
ν	–	Querkontraktionszahl
ϱ	kg/mm^3	Dichte
$\underline{\underline{\sigma}}$	N/mm^2	nomineller Spannungstensor
$\bar{\sigma}$	N/mm^2	Vergleichsspannung
φ_v	–	(Vergleichs-) Umformgrad
φ	–	geometrischer Umformgrad
Ψ	Grad	Reflexionswinkel
$\underline{\underline{\Omega}}$	–	Rotationstensor
$\underline{\nabla}$	1/mm	Nabla-Operator

INDIZES

e	elementbezogen
el	elastisch
H	hydrostatisch
i, j	i-te bzw. j-te kartesische Komponente
m	mittlerer
n	normal
pl	plastisch
T	Transponierte
-1	Inverse
o	Ausgangszustand
$\bullet$	materielle (substantielle) Zeitableitung
$*$	Jaumannsche Zeitableitung
$\wedge$	Truesdellsche Zeitableitung
$'$	Deviator

TENSOR-ARITHMETIK

$\underline{\underline{A}} : \underline{\underline{B}}$	Skalarprodukt ($A_{ij}\, B_{ij}$)
$\underline{\underline{A}} \cdot \underline{\underline{B}}$	Tensorprodukt ($A_{in}\, B_{nj}$)
$\underline{\underline{A}}\underline{\underline{B}}$	dyadisches Produkt

1 EINLEITUNG UND AUFGABENSTELLUNG

Das Ziel eines Fertigungsverfahrens ist es, Werkstücke wirtschaftlich herzustellen, die den vorgebenen Anforderungen genügen. Diese Anforderungen beziehen sich u. a. auf die Festigkeit, Geometrie und Oberflächenbeschaffenheit des Produktes. Mit zunehmender Kenntnis der Auswirkungen der Eigenspannungen werden diese immer öfter in die Beurteilung der Werkstückeigenschaften einbezogen.

Insbesondere die Verfahren der Kaltmassivumformung sind hinsichtlich der im Werkstück erzeugten Eigenspannungen als besonders kritisch anzusehen, da die fertigungsbedingten Eigenspannungen nicht nur im Randbereich des Werkstückes auftreten - wie es der Fall bei der spanenden und fügenden Fertigung ist -, sondern im gesamten Volumen des Werkstückes. Die Eigenspannungswerte können hierbei ein mehrfaches der aktuellen Streckgrenze betragen.

Um diesen Gegebenheiten Rechnung zu tragen, ist es erforderlich, die Eigenspannungszustände in kaltumgeformten Werkstücken zu kennen und ggf. zu optimieren.

Ziel der vorliegenden Arbeit ist die Ermittlung der Eigenspannungszustände in kaltumgeformten Werkstucken anhand einer kontinuumsmechanischen Betrachtung. Zur Umsetzung der weitgehend bekannten theoretischen Grundlagen wird das numerische Näherungsverfahren der Finiten Elemente herangezogen. In allen Betrachtungen werden thermische Einflüsse vernachlässigt. Als Stoffgesetz wird eine modifizierte Form der Prandtl-Reuß-Beziehungen in Verbindung mit der v. Misesschen Fließbedingung und einer isotropen Verfestigungshypothese verwendet.

Die Überprüfung des Lösungsverfahrens erfolgt anhand bekannter analytischer Ansatze, anderer Näherungsverfahren, sowie experimentell ermittelter Eigenspannungswerte bei fließgepreßten Werkstücken.

Von den Verfahren der Kaltmassivumformung werden das Voll-Vorwärts-Fließpressen (VVFP), das Verjüngen, das Hohl-Vorwarts-Fließpressen (HVFP) und das Drahtziehen untersucht. Beim VVFP werden ausführliche Parameteruntersuchungen durchgeführt, während bei den anderen Verfahren nur exemplarische Ergebnisse wiedergegeben werden.

2 <u>STAND DER ERKENNTNISSE</u>

<u>Definition, Auswirkungen und Ursachen der Eigenspannungen</u>

Eigenspannungen sind definiert als elastische Spannungen, die in einem abgeschlossenen System bei Fehlen äußerer Kräfte und Momente vorhanden sind [1]. So werden beispielsweise aus augenblicklichen Temperaturgradienten oder aus einem Schrumpfverband resultierende Spannungen nicht als Eigenspannungen angesehen. Es wird unterschieden zwischen makroskopischen Eigenspannungen (Eigenspannungen I. Art) sowie mikroskopischen Eigenspannungen (Eigenspannungen II. und III. Art). Diese Unterteilung beruht auf der räumlichen Auflösung.

Makroeigenspannungen sind über größere Bereiche (mehrere Körner) nahezu homogen, wobei die mit den Eigenspannungen verbundenen Kräfte und Momente im Gleichgewicht über den ganzen Körper sind. Jeder Eingriff in dieses Gleichgewicht bewirkt makroskopische Maßänderungen. Auf der anderen Seite sind Mikroeigenspannungen lediglich über sehr kleine Bereiche (ein Korn oder mehrere Atomabstände) gleichmäßig verteilt. Sie sind im Gleichgewicht über hinreichend viele Körner oder sogar einen hinreichend großen Teil eines Korns. Gleichgewichtsstorungen bewirken hier keine makroskopischen Maßänderungen.

Der lokale Eigenspannungswert ist eine Überlagerung der drei genannten Eigenspannungsarten. Daher sind Eigenspannungen I. Art praktisch immer auf mehrere Körner bezogene Mittelwerte der realen Eigenspannungsverteilung.

Bei der Betrachtung der Materie als Kontinuum können naturgemäß nur Makroeigenspannungen zur Geltung kommen. Während Mikroeigenspannungen bei einer Kaltumformung unvermeidlich auftreten, können Makroeigenspannungen durch die Wahl der Verfahrensparameter bei der Umformung beeinflußt und zumindest teilweise unterdrückt werden. Im folgenden werden unter "Eigenspannungen" ausschließlich solche I. Art verstanden.

Jedes Werkstück enthält Eigenspannungen, die den betrieblichen Einsatz beeinflussen. Dieser Einfluß kann positiv oder auch negativ sein. Beruht die Auslegung eines Bauteils auf der Forderung, daß keine bleibenden Formände-

rungen auftreten ist es notwendig, die Eigenspannungen bei der Dimensionie-
rung mit zu berücksichtigen.

In der Regel bewirken Eigenspannungen bei einer Überlagerung von Lastspannungen eine Streckgrenzenverminderung. Sie haben ebenfalls einen Einfluß
auf den Bruch bei statischer oder dynamischer Beanspruchung [2, 3]. Bei
statischer Belastung ist es erforderlich, zwischen sprödem und duktilem
Bruch zu unterscheiden. Duktilen Brüchen geht stets eine plastische Formänderung voran, so daß kein Einfluß der Eigenspannungen auf den Bruch zu
vermerken ist, da diese nach einer geringen Verformung nahezu vollständig
abgebaut sind. Bei spröden Brüchen ist dies jedoch nicht der Fall. Hier
ist es wichtig, den Eigenspannungszustand auf den Lastspannungszustand ab-
zustimmen [4]. In [5] wird angegeben, daß für Stähle mit einer Härte unter
400 HV kein Einfluß der Eigenspannungen auf den Bruch bei statischer Belastung zu befürchten ist.

Untersuchungen zeigten, daß Druckeigenspannungen in den oberflächennahen
Bereichen die Dauerschwingfestigkeit erhöhen [3]. Des weiteren findet bei
Werkstoffen mit niedriger Streckgrenze ein erheblicher Eigenspannungsabbau
wahrend einer Schwingbeanspruchung statt [6]. Daher ist in diesem Fall ein
Einfluß der Eigenspannungen nur dann zu erwarten, wenn die Spannungsampli-
tude unterhalb der sogenannten zyklischen Streckgrenze liegt [7].

An Rißspitzen vermindern Druckeigenspannungen die Rißausbreitungsgeschwin-
digkeit. Eine ähnliche Auswirkung von Druckeigenspannungen ist bei Spannungsrißkorrosion zu beachten. Hierzu sei auf eine Studie des japanischen
Eisen- und Stahlverbandes hingewiesen, aus der hervorgeht, daß 80 % der
untersuchten Schadensfälle infolge einer Spannungsrißkorrosion durch Zugeigenspannungen verursacht bzw. beschleunigt wurden [8].

Weiterhin können sich Eigenspannungen auf Instabilitätserscheinungen aus-
wirken und unerwünschte Geometrieänderungen hervorrufen. Dies gilt z. B.
für Maßabweichungen eines Werkstuckes bei einer Nachbearbeitung [9, 10].
Letztlich können Eigenspannungen in oberflächennahen Bereichen Härtemessungen beeinflussen.

Die primäre Ursache von Eigenspannungen in einem Körper ist eine vorausge-
gangene inhomogene plastische Formänderung. Auch die Entstehung von Um-
wandlungseigenspannungen ist innerhalb der Umwandlungsplastizität [11] auf

inhomogene Verformungen zurückzufuhren. Aus der Sicht der Kontinuumsmechanik läßt sich zeigen, daß nach einer inhomogen bleibenden Gestaltsanderung
eines Körpers die plastischen Formänderungen allein die Kompatibilitätsbe-
dingung nicht erfüllen; nach dem Entlasten bleiben somit elastische Dehnungen übrig, um den Zusammenhalt des Materials zu gewährleisten, [12].

Eigenspannungen in umgeformten Werkstücken

Es ist offensichtlich, daß Teile, die mit Hilfe umformtechnischer Verfahren
kalt hergestellt wurden, durch die während der Umformung erfolgten starken
Formänderungen besonders kritisch hinsichtlich Eigenspannungen sind. Die
mannigfaltigen Auswirkungen von Eigenspannungen haben die Forderung des
Konstrukteurs an die Fertigung zur Folge, eigenspannungsarme Bauteile oder
aber Bauteile mit erwunschten Eigenspannungszustanden herzustellen. Im
Prinzip könnten bei einer Kaltumformung entstandene schadliche Eigenspannungen durch eine Wärmebehandlung nach der Umformung beseitigt werden, wobei allerdings die Verfestigung des Werkstucks abgebaut wird. Dies ist jedoch in vielen Fällen unerwunscht da es den Fertigungsablauf stort; da zu-
dem Maßabweichungen entstehen können, kommt eine Wärmebehandlung oft nicht
in Betracht. Es besteht somit ein Interesse daran, die Eigenspannungen
nach einer Kaltumformung zu ermitteln, so daß das Umformverfahren im Hinblick auf einen günstigen Eigenspannungszustand optimiert werden kann.

Das Vorhandensein von Eigenspannungen kann unmittelbar bei kaltgezogenen
Werkstücken beobachtet werden. Scheinbar ohne jede äußere Einwirkung kann
beim längeren Lagern von gezogenen Rohren, Stangen und Draht plötzlich oder
allmählich ein Aufreißen erfolgen [13]. Aufgrund dieser Tatsache wurden die
Durchziehverfahren - wie Draht- und Rohrziehen - hinsichtlich der erzeugten
Eigenspannungen intensiv untersucht.

Aus experimentellen Untersuchungen nach Bühler und Kreher [14, 15] geht
hervor, daß beim Drahtziehen mit einer rel. Querschnittsabnahme bis zu
0,8 %, axiale Zugeigenspannungen im Werkstückkern, und axiale Druckeigenspannungen im Randbereich vorliegen. Dagegen stehen für rel. Querschnittsabnahmen über 0,8 % Zugeigenspannungen in der Drahtoberfläche Druckeigenspannungen im Kern gegenüber. Mit zunehmender Querschnittsabnahme nehmen
die Randeigenspannungen zu und erreichen einen Höchstwert bei einer rel.
Querschnittsabnahme von 10 % bis 20 %. Bei weiterer Zunahme des Umformgrades reduzieren sich die Eigenspannungsbeträge. Diese Beobachtungen wurden

durch andere Untersuchungen [16, 17] bestatigt. Darüber hinaus wurde in [14, 15 und 17] festgestellt, daß mit zunehmenden Schulteröffnungswinkel der Ziehdüse die Eigenspannungen zunehmen. Auch für zunehmenden Kohlenstoffgehalt im Werkstuck wurde eine Zunahme der Eigenspannungen nachgewiesen.

Hinsichtlich des Einflusses der Reibung auf die Eigenspannungen in gezogenen Drähten liegen widersprüchliche experimentelle Ergebnisse vor: nach Bühler und Kreher [14] nehmen die Eigenspannungen mit abnehmender Reibung zwischen Ziehdüse und Werkstuck ab; Modlen und Stark [16] stellten genau die entgegengesetzte Tendenz fest. Zum Einfluß der Fließbundhöhe der Ziehdüse berichten Vannes und Thierry [18], daß mit wachsender Fließbundhöhe die Eigenspannungen abnehmen.

In Hinblick auf die Tatsache, daß sich beim Drahtziehen für übliche Umformgrade ungünstige Eigenspannungszustände im Werkstück bilden, wurden von Bühler Moglichkeiten zur Verminderung der Eigenspannungen untersucht. In [19] wird das Nachziehen (bzw. Nachdrücken) des Werkstückes durch eine zweite Düse mit weniger als 0,8 % rel. Querschnittsabnahme zum Abbau von Eigenspannungen vorgeschlagen. Durch diese Methode konnten die Eigenspannungsbeträge nach dem eigentlichen Ziehvorgang um 70 bis 90 % reduziert werden. Die stärkste Verminderung wurde bei einer nachträglichen Querschnittsverringerung von etwa 0,4 % erreicht. In einer weiteren Arbeit [20] untersuchte Bühler den Einfluß des Prägepolierens auf die Eigenspannungen in gezogenen Drähten. Anders als beim Nachziehen werden beim Prägepolieren - mit vergleichsweise geringen Querschnittsabnahmen - nicht nur die Eigenspannungen verringert, sondern es wird auch eine Spannungsumkehr in den Randschichten erreicht, d. h. es werden im Hinblick auf den späteren Einsatz der Werkstücke nützliche Druckeigenspannungen erzeugt.

Eigenspannungen in gezogenen Rohren wurden in [22], [15] und [21] untersucht. Beim Hohlzug und Stopfenzug wurden, wie auch beim Drahtziehen, axiale Zugeigenspannungen im Bereich der Rohraußenwand und axiale Druckeigenspannungen im Bereich der Rohrinnenwand festgestellt. In [22] wurde nachgewiesen, daß beim Stopfenzug die Eigenspannungen vermindert werden können (u. U. mit Druckeigenspannungen im Bereich der Rohraußenwand), wenn die Gesamtquerschnittsabnahme gleichmäßig auf Durchmesser- und Wanddickenänderungen verteilt wird. Nach [15] ergeben sich nach einem Aufweitzug Druckeigenspannungen an der Außenwand und Zugeigenspannungen an der Innenwand des Rohres, d. h. umgekehrt wie beim Hohl- und Stopfenzug. Obwohl die Abhängigkeit der Eigenspannungen von der Querschnittsabnahme beim Rohrziehen eine ähnliche Tendenz aufweist wie beim Drahtziehen, ist der Einfluß des Schulteröffnungswinkels nicht eindeutig. Je nach Querschnittsabnahme kann ein Zuwachs im Schulteröffnungswinkel eine Zu- oder Abnahme der Eigenspannungen bewirken.

Im Gegensatz zu den Durchziehverfahren liegen bei den Durchdrückverfahren der Umformtechnik bisher nur wenig experimentelle Eigenspannungsuntersuchungen vor. Darüberhinaus weisen die Ergebnisse dieser Untersuchungen z. T. erhebliche Widersprüche auf. So ergaben die Messungen von Frisch und Thomsen [23] beim Kaltstrangpressen von Aluminium mit einer rel. Querschnittsabnahme von 88 % Druckeigenspannungen im Randbereich und Zugeigenspannungen im Kern des Werkstückes; in allen nachfolgenden Untersuchungen [16, 24 - 28] wurde jedoch das entgegengesetzte Vorzeichen in den jeweiligen Werkstücksbereichen ermittelt. Die zuletzt erwähnten Untersuchungen zeigen zwar im tendenziellen Verlauf der Eigenspannungen über dem Querschnitt fließgepreßter Schäfte eine Übereinstimmung, weisen jedoch große Unterschiede hinsichtlich des Einflusses verschiedener Verfahrensparameter auf, vgl. Bilder 1 und 2.

In Bild 1 sind die von verschiedenen Autoren gemessenen maximalen Zugeigenspannungen - bezogen auf die jeweilige Anfangsfließspannung - über dem Umformgrad bei den Durchdrückverfahren aufgetragen. Die Spannungen wurden in [24, 25, 28] mit dem Sachsschen Ausbohrverfahren, und in [26] röntgenographisch (s. Kapitel 6) ermittelt. Die Eigenspannungswerte nach Midha und Modlen [24, 27] sowie nach Osakada et al. [25] zeigen eine unregelmäßige Abhängigkeit vom Umformgrad. Darüber hinaus sind die Eigenspannungsbeträge nach Osakada et al. um den Faktor 2 größer als die anderen Ergebnisse. Dies ist insofern fragwürdig, da Kupfer einen Elastizitätsmodul hat, der nur halb so groß ist wie bei Stahl.

Die röntgenographischen Spannungsmessungen nach Miura et al. [26] zeigen - wie auch bei den Untersuchungen des Draht- und Rohrziehens -, daß die Eigenspannungsbeträge bis zu einem gewissen Umformgrad zunehmen und danach wieder abnehmen. Der Umformgrad, für den die maximalen Spannungen auftreten, ist dabei abhängig vom Schulteröffnungswinkel. Die Tendenz dieser Abhängigkeit ist jedoch gegenläufig zu der nach Midha und Stark [16]. Die Ergebnisse nach Midha und Stark sind jedoch mit Vorsicht zu betrachten, da

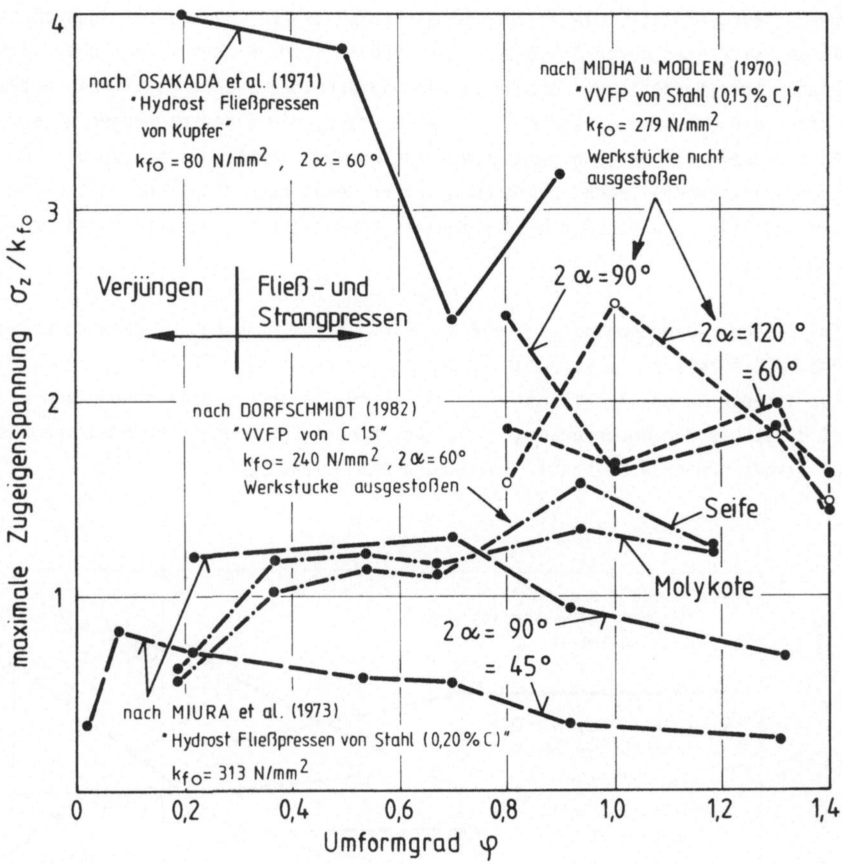

Bild 1. Gemessene rel. Eigenspannungswerte in Abhängigkeit vom Umformgrad
bei den Durchdrückverfahren: Schrifttumsangaben.

hierbei das Querschlitzverfahren [29] zur Eigenspannungsmessung angewandt
wurde. Dieses Verfahren liefert nur qualitative Ergebnisse; wie in [15]
und [17] gezeigt wird, können die nach diesem Verfahren gemessenen Spannungen um bis zu 70 % von den mit dem Sachsschen Ausbohrverfahren ermittelten
Werten abweichen.

Zu den von Dorfschmidt [28] gemessenen Eigenspannungen (Bild 1) ist zu be-
merken, daß Fließpreßteile untersucht wurden, die nach dem Pressen aus der
Matrize ausgestoßen wurden. Nach Dorfschmidt sind die Eigenspannungen nach
dem Ausstoßen schwächer als vorher. Bedauerlicherweise wurde in [28] kein

systematischer Vergleich zwischen den Eigenspannungen vor und nach dem Auswerfen aufgestellt. Die Angaben hinsichtlich des Einflusses des Ausstoßens lassen sich aber durch die Arbeit von Bühler und Kreher [14] über das Drahtziehen bestätigen, derzufolge ein wiederholtes Ziehen des Stahldrahtes durch die gleiche Ziehdüse wie beim Hauptzug, die Eigenspannungen um etwa 25 % reduziert. Unter diesem Aspekt ist es auch verständlich, daß die Eigenspannungswerte nach Dorfschmidt unter denen nach Midha und Modlen liegen, s. Bild 1, und daß sie eine anomale Abhängigkeit vom Umformgrad zeigen.

In diesem Zusammenhang sei auf den Einfluß der Reibung zwischen Werkzeug und Werkstück auf die Eigenspannungen hingewiesen: Nach [28] ergeben sich für geringe Reibzahlen (Schmierung mit Seife) geringere Eigenspannungen (s. Bild 1) bis zum Umformgrad $\varphi = 0{,}7$ und höhere für größere Umformgrade als bei einer größeren Reibzahl (Schmierung mit Molykote).

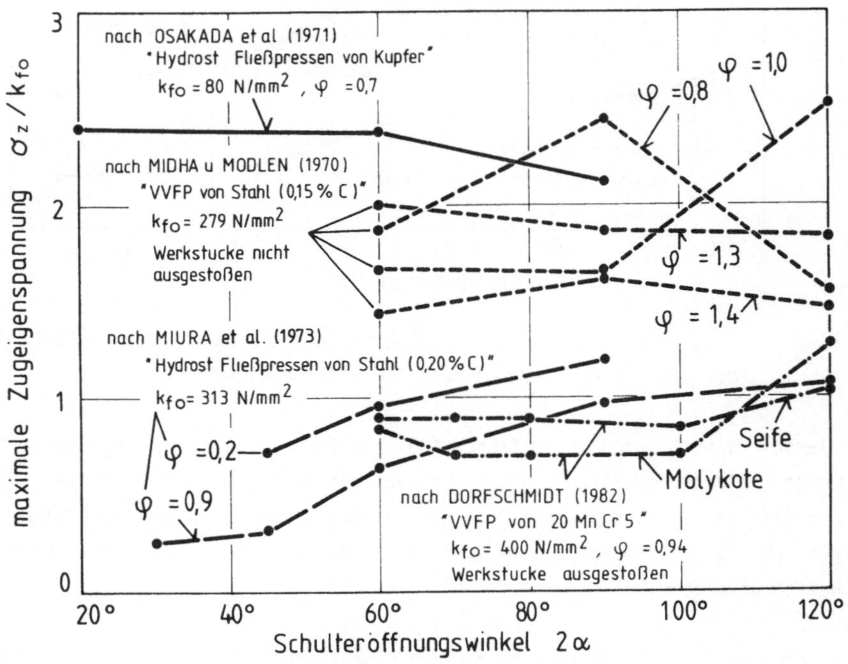

Bild 2. Gemessene rel. Eigenspannungswerte in Abhängigkeit des Schulteröffnungswinkels bei den Durchdrückverfahren: Schrifttumsangaben.

Die aus dem Schrifttum bekannten Eigenspannungsverläufe in Abhängigkeit vom Schulteröffnungswinkel bei Durchdrückverfahren sind in Bild 2 dargestellt. Auch hier sind keinerlei Tendenzen festzustellen, außer bei den Ergebnissen nach Miura **et al.** Die in diesem Bild nicht dargestellten Ergebnisse von Modlen und Stark [16] lassen ebenfalls keine allgemeine Gesetzmäßigkeit erkennen.

Eigenspannungsuntersuchungen in der Umformtechnik wurden auch für die Verfahren Biegen, z. B. [30], Tiefziehen, z. B. [31, 32, 33], sowie Walzen, z. B. [34, 35, 36], und das Tordieren von Stäben [37] durchgeführt. Im Rahmen der vorliegenden Arbeit sollen diese Untersuchungen jedoch nicht näher behandelt werden.

Berechnung von Eigenspannungen

Die vorstehend beschriebenen experimentellen Untersuchungen von Eigenspannungen in der Umformtechnik weisen z. T. Widersprüche auf, die u. a. auf die nicht vollkommen beherrschbare Randbedingungen zurückzuführen sind. Aufgrund dieser Tatsache und auch um, das Verständnis der Entstehung von Eigenspannungen zu erweitern, ist es wünschenswert, die Eigenspannungen nach einer Umformung zu berechnen.

Der Berechnung von Eigenspannungen liegt das fundamentale Theorem nach Hencky zugrunde [38, 39]:

Zur Ermittlung von Eigenspannungen ist vorerst der elastisch-plastische Belastungsvorgang zu lösen, um das im Werkstück am Ende der Belastung vorliegende Spannungsfeld σ^* zu ermitteln. Unter der Annahme, daß die Entlastung linear-elastisch erfolgt, ist im zweiten Schritt das elastische Spannungsfeld $\tilde{\sigma}$ zu berechnen, das den äußeren Lasten am Ende der Belastung das Gleichgewicht hält. Die Eigenspannungen σ ergeben sich schließlich als

$$\sigma = \sigma^* - \tilde{\sigma} . \tag{1}$$

Aus dem Henckyschen Theorem ist zu entnehmen, daß die Berechnung der Eigenspannungen aus einer plastomechanischen Berechnung besteht, der sich eine elastomechanische Betrachtung anschließt. Wegen der Kompliziertheit der Plastizitätstheorie (unter Einbeziehung der elastischen Dehnungen) sind geschlossene analytische Berechnungsvorschriften im Schrifttum lediglich für einfache Umformvorgänge bzw. bei komplizierteren Vorgängen mit erheblichen Vereinfachungen zu finden.

Die wohl bekanntesten Berechnungsvorschriften für Eigenspannungen sind die beim einfachen Biegen [40, 41] und Aufweiten von Hohlzylindern [42, 43]. In beiden Fällen wird das Theorem nach Hencky angewandt, in dem vereinfachend angenommen wird, daß das gesuchte Verschiebungsfeld während der Belastung und Entlastung eindimensional ist. Die so erhaltenen analytischen Ergebnisse zeigen eine gute Übereinstimmung mit experimentellen Ergebnissen [30, 43].

Geschlossene analytische Eigenspannungsberechnungen komplexer Umformvorgänge liegen im Schrifttum für das Drahtziehen, Fließpressen und Tiefziehen vor. Die "semiempirische" Vorgehensweise von Frisch und Thomsen [23] liefert Randeigenspannungen beim Strangpressen von Aluminium, die um den Faktor 6 höher liegen als die gemessenen. Sokolov und Turova [44] berechneten die Lastspannungen beim Drahtziehen mit einem Oberen-Schranken-Ansatz, um anschließend durch ein elastisches Entlasten die Eigenspannungen zu berechnen. Die so erhaltenen Eigenspannungen erfüllen jedoch nicht die Gleichgewichtsbedingungen, woraus auf einen systematischen Fehler in der Entlastungsberechnung zu schließen ist. Mit einer ähnlichen Vorgehensweise unternahmen Midha und Modlen [27] den Versuch, Eigenspannungen beim Voll-Vorwärts-Fließpressen zu berechnen. Ohne theoretische Ergebnisse anzugeben, folgerten sie jedoch, daß die Rechenvorschriften ungenaue Eigenspannungen liefern. Der Ansatz von Saito und Shimahashi [45] zur Berechnung von Biegeeigenspannungen beim Tiefziehen, ist der bisher erfolgreichste analytische Ansatz in der Umformtechnik. Ihre Ergebnisse weichen aber auch noch um maximal 30 bis 40 % von den gemessenen Spannungswerten ab.

Ersichtlich sind die wenigen bekannten analytischen Ansätze zur Eigenspannungsberechnung bei komplizierteren Umformvorgängen nicht geeignet. Die Ursache hierfür liegt darin, daß eine genaue Berechnung des Umformvorganges, d. h. der Lastspannungen und der plastischen Formänderungen, erforderlich ist, um dann auf die Eigenspannungen zu schließen. Aus diesen Gründen ist die Anwendung numerischer Verfahren zur Berechnung von Eigenspannungen unumgänglich.

Unter den numerischen Verfahren hat sich die Methode der Finiten Elemente dank ihrer flexiblen Anwendbarkeit und ihrer physikalischen Verständlichkeit als besonders geeignet erwiesen. Erste Anwendungen der Finite-Element-Methode (FEM) auf die Berechnung der Eigenspannungen bei Umformvorgängen wurden in [43] vorgestellt. In dieser Arbeit wurden unter Verwendung eines elastisch-plastischen Werkstoffmodells die Eigenspannungen beim rotationssymmetrischen Stauchen und Voll-Vorwärts-Fließpressen berechnet. Der Finite-Element-Formulierung lag die Methode der Anfangsspannungen [46] zugrunde. Diese Methode stellt eine Erweiterung der linear-elastischen FE-Formulierung auf das nichtlineare plastische Werkstoffverhalten dar. Da aber die nichtlineare Kinematik hier nicht berücksichtigt wird, ist die Methode nur für kleine Dehnungen und kleine Drehungen anwendbar. In [43] wurde deshalb bei der Berechnung von Eigenspannungen das Stauchen nur bis zu einer Höhenabnahme von 20 % (d. h. einem geometrischen Umformgrad von 0,2) betrachtet. Aus demselben Grund wurde auch beim Fließpressen ein angefastes Werkstück betrachtet, das nur geringfügig durch die Matrize gedrückt wurde. Die ermittelten Eigenspannungen weichen z. T. erheblich von den bekannten experimentellen Ergebnissen ab.

Der theoretische Durchbruch, komplizierte Umformvorgänge mit einer elastisch-plastischen Finite-Element-Formulierung zu berechnen, erfolgte durch die Arbeit von McMeecking und Rice [47]. Ausgehend von dem Variationsprinzip nach Hill [48] erstellten diese Autoren eine Formulierung, die unter Berucksichtigung der nichtlinearen Kinematik für große Formänderungen und große Drehungen verwendbar ist. Die Ansätze nach McMeeking und Rice wurden von Lee und Mallett [49] weiterentwickelt und erstmals zur Berechnung der Eigenspannungen beim Voll-Vorwärts-Fließpressen angewandt. Dieser Untersuchung folgten die Arbeiten [50, 51] u. a., in denen die entwickelten Rechenprogramme anhand exemplarischer Berechnungen des Fließpressens überprüft wurden.

Argyris und Doltsinis [52, 53] entwickelten, aufbauend auf dem Ansatz nach Lee [54], eine hyperelastische Formulierung und berechneten das Fließpressen sowie das Kopfanstauchen. Diese Formulierung unterscheidet sich von der hypoelastischen nach McMeeking und Rice [47], in der die Existenz einer spannungsfreien Zwischenkonfiguration wahrend des Belastens angenommen wird. In [55] wenden jedoch die Autoren den hypoelastischen Ansatz an und erweitern ihn für thermomechanische Beanspruchungen. Wertheimer [56] führte in den Ansatz nach [47] die kinematische Verfestigungstheorie nach Prager-Ziegler ein. Auch in den zuletzt erwähnten zwei Arbeiten wurde exemplarisch das Voll-Vorwärts-Fließpressen berechnet.

Aufgrund der bekannten FE-Untersuchungen kann folgendes festgehalten werden:

o die Formulierung nach McMeeking und Rice [47] hat sich für die Berechnung umformtechnischer Vorgänge bewährt. Dies wird durch die exemplarischen Eigenspannungsberechnungen beim Voll-Vorwärts-Fließpressen bestätigt, die mit den experimentellen Ergebnissen qualitativ gute Übereinstimmung zeigen.

o Bei den bekannten Eigenspannungsberechnungen, die überwiegend für das Fließpressen durchgeführt wurden, war es zunächst das Ziel, die entwikkelte Rechenprogramme zu testen. Aus diesem Grund wurden bei den exemplarischen Berechnungen stets sogenannte "sanfte" Daten, d. h. kleiner Umformgrad, kleiner Schulteröffnungswinkel, kein Fließbund **etc.**, benutzt, die in der technischen Anwendung kaum vorkommen. Eine Ausnahme bildet lediglich die Untersuchung [57]. Hier wurden die Eigenspannungen beim Fließpressen von Verbundwerkstoffen mit einem Aluminiumkern und Kupferrand untersucht. Es wurde festgestellt, daß mit zunehmendem Umformgrad die Eigenspannungen im Kern auch zunehmen. Nach Auffassung des Autors sind diese Ergebnisse jedoch mit Vorsicht zu behandeln, da ein sehr grobes Elementnetz benutzt wurde.

Zusammenfassend ist festzuhalten, daß einerseits teils widersprüchliche experimentelle Ergebnisse über die Umformeigenspannungen vorliegen (vor allem bei den Durchdrückverfahren) und daß andererseits bei praktischen Umformvorgängen bisher keine brauchbaren theoretischen Eigenspannungsuntersuchungen durchgeführt wurden.

Das in dieser Arbeit zur Berechnung der Eigenspannungen herangezogene theoretische Lösungsverfahren ist phänomenologischer Natur. Die Grundlagen für
die theoretischen Ansätze sind durch die Kontinuumsmechanik gegeben. Diese
Grundlagen sind im Anhang A zusammengefaßt und interpretiert. Unter dem
Gesichtspunkt großer Verzerrungen und Verschiebungen werden im Anhang A die
nichtlineare Kinematik und das Stoffgesetz behandelt. Die Gesetzmäßigkeiten
beziehen sich auf einen materiellen Punkt, d. h. ein infinitesimales Volumen des Kontinuums.

In diesem Kapitel sollen unter Einbeziehung der Gleichgewichtsbedingungen
die im Anhang A beschriebenen Beziehungen auf den ganzen Körper ausgedehnt
werden.   Mit dem Prinzip der virtuellen Arbeit werden somit im Abschnitt
3.1 alle theoretischen Gesetzmäßigkeiten in eine _globale_ Form zusammengefaßt.

In den Abschnitten 3.2 bis 3.5 werden dann Schritte unternommen, um die
entstehenden Differentialgleichungen näherungsweise zu lösen. Als numeri-
sches Verfahren wird die Methode der Finiten Elemente angewandt. In den
Abschnitten 3.2 und 3.3 werden die geometrische und die zeitliche Diskretisierung beschrieben. Die Behandlung der Randbedingungen wird im Abschnitt
3.4 erörtert. Die Implementierung des entsprechenden Rechenprogrammes erfolgt im Abschnitt 3.5.

3.1 DAS VARIATIONSPRINZIP: PRINZIP DER VIRTUELLEN VERSCHIEBUNGEN

Bild 3 zeigt den Ausgangs- und Endzustand eines Körpers zu den Zeitpunkten
t^0 und t. Es wird angenommen, daß alle Zustände des Körpers zwischen diesen
Zeitpunkten bekannt sind. Das Ziel ist es nun, den Zustand des Körpers zum
Zeitpunkt $t + \Delta t$ für gegebene Randbedingungen zu ermitteln.   Hierzu wird
der Endzustand zum Zeitpunkt t betrachtet. Die Gleichgewichtsbedingungen

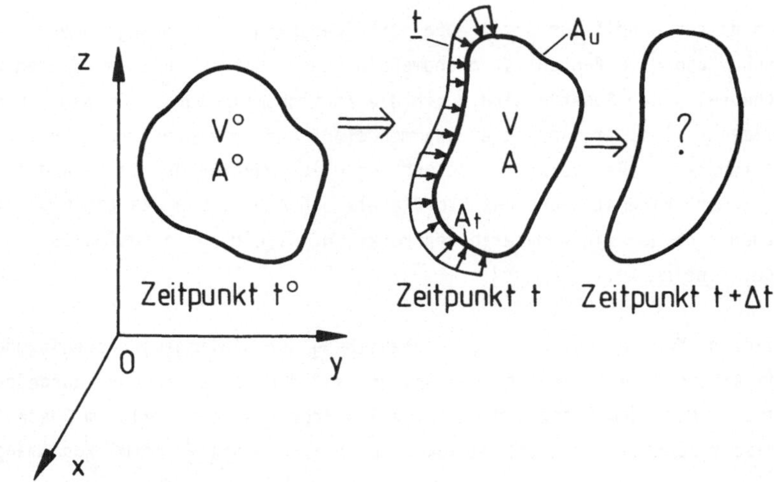

Bild 3.　Kinematik der Verformung eines Körpers.

lassen sich für den betrachteten Zustand global durch das Prinzip der virtuellen Verschiebungen festlegen, [58] :[*)]

$$\int_V \underline{\underline{T}} : \delta(\underline{u}\,\underline{\nabla})\ dV = \int_A \underline{t} \cdot \delta\,\underline{u}\ dA \ . \tag{2}$$

Hierin ist $\underline{\underline{T}}$ der Cauchy-Spannungstensor, $\underline{t}$ der bezogene Kraftvektor und $\delta\underline{u}$ die virtuellen Verschiebungen.　In Gl. (2) wurden die Massenkräfte vernachlässigt.　Es gilt $\delta\underline{u} = 0$ für die Fläche A_u , auf der Verschiebungen vorgeschrieben sind.

Um Aussagen über den Zustand des Körpers zum Zeitpunkt $t + \Delta t$ zu erhalten, ist es naheliegend, die Geschwindigkeitsform des Prinzips in Gl. (2) zu verwenden. Zu diesem Zweck ist Gl. (2) zunächst in den zeitunabhängigen (konstanten) Ausgangszustand zum Zeitpunkt $t°$ zu überführen:

Mit Hilfe der Beziehungen

$$\underline{u} = \underline{x} - \underline{x}° \ , \quad \delta\underline{u} = \delta\underline{x} \ , \quad \underline{t}\ dA = \underline{t}°\ dA° \tag{3}$$

[*)]　$\underline{\underline{T}}$ ist ein statisch zulässiges Spannungsfeld, und $\underline{u}$ ein kinematisch zulässiges Verschiebungsfeld.

und

$$\underline{\underline{F}}^{T} \cdot \delta(\underline{u}\,\underline{\nabla}) = \delta\underline{\underline{F}} , \tag{4}$$

sowie den Gln. (A26) und (A27) erhält man aus Gln.(2)

$$\int_{V^{O}} \underline{\underline{S}} : \delta\underline{\underline{F}}^{T}\ dV^{O} = \int_{A^{O}} \underline{t}^{O}\cdot\delta\underline{x}\ dA^{O}, \tag{5}$$

worin $\underline{\underline{S}}$ den 1. Piola-Kirchhoff-Spannungstensor, $\underline{x}$ den Ortsvektor und $\underline{\underline{F}}$ den Deformationsgradienten bezeichnet (s. Anhang A). Gl. (5) beschreibt das globale Gleichgewicht zum Zeitpunkt t, bezogen auf den Ausgangszustand. Diese Beziehung kann auch anhand der konjugierten Variablen $\underline{\underline{H}}$ (2. Piola-Kirchhoff-Spannungstensor) und $\underline{\underline{E}}$ (Green-Lagrangeschen Verzerrungstensor) ausgedrückt werden. Mit den Gln. (A26) und (A6) kann gezeigt werden, daß ebenfalls gilt

$$\int_{V^{O}} \underline{\underline{H}} : \delta\underline{\underline{E}}\ dV^{O} = \int_{A^{O}} \underline{t}^{O} \cdot \delta\underline{x}\ dA^{O}. \tag{6}$$

Diese Gleichung ist die Basis fur geometrisch nichtlineare, elastomechanische Berechnungen [59, 60].

Nun kann die zeitliche Ableitung des Prinzips der virtuellen Verschiebungen anhand von Gl. (6) gebildet werden, d. h.

$$\int_{V^{O}} (\dot{\underline{\underline{H}}} : \delta\underline{\underline{E}} + \underline{\underline{H}} : \delta\dot{\underline{\underline{E}}})\ dV^{O} = \int_{A^{O}} \dot{\underline{t}}^{O} \cdot \delta\underline{x}\ dA^{O}. \tag{7}$$

Das zweite Glied auf der linken Seite der Gl. (7) stellt einen konvektiven Anteil der zeitlichen Ableitung des Ausdruckes "$\underline{\underline{H}} : \delta\underline{\underline{E}}$" dar.

Mit den Gln. (A26) und (A12) kann gezeigt werden, daß gilt:

$$\dot{\underline{\underline{H}}} = J\ [\ \underline{\underline{F}}^{-1} \cdot \{\underline{\underline{T}}\ (\underline{\underline{I}}:\underline{\underline{L}}) + \dot{\underline{\underline{T}}} - \underline{\underline{D}}\cdot\underline{\underline{T}} - \underline{\underline{T}}\cdot\underline{\underline{D}} + \underline{\underline{T}}\cdot\underline{\underline{W}} - \underline{\underline{W}}\cdot\underline{\underline{T}}\} \cdot(\underline{\underline{F}}^{-1})^{T}\ ]. \tag{8}$$

Hierin ist $\underline{\underline{D}}$ der Verzerrungsgeschwindigkeitstensor, $\underline{\underline{W}}$ der Drehgeschwindigkeitstensor, J die Jacobi-Determinate und $\underline{\underline{L}}$ der Geschwindigkeitsgradient. In Gl. (8) berücksichtigen die Ausdrücke "$\underline{\underline{T}}\cdot\underline{\underline{W}} - \underline{\underline{W}}\cdot\underline{\underline{T}}$" Starrkörperdrehungen, und "$\underline{\underline{T}}\ (\underline{\underline{I}}:\underline{\underline{L}}) - \underline{\underline{D}}\cdot\underline{\underline{T}} - \underline{\underline{T}}\cdot\underline{\underline{D}}$" weitere konvektive Anteile. Der Ausdruck in den geschweiften Klammern ist die sogenannte Truesdellsche Änderung der Cauchy-Spannung, $\dot{\hat{\underline{\underline{T}}}}$, d. h.

$$\hat{\underline{\underline{T}}} = \dot{\underline{\underline{T}}} + \underline{\underline{T}} \, (\underline{\underline{I}} : \underline{\underline{L}}) + \underline{\underline{T}}.\underline{\underline{W}} - \underline{\underline{W}}.\underline{\underline{T}} - \underline{\underline{D}}.\underline{\underline{T}} - \underline{\underline{T}}.\underline{\underline{D}} \; . \qquad (9)$$

Der Zusammenhang zwischen der Truesdellschen und Jaumannschen Ableitung ($\overset{*}{\underline{\underline{T}}}$) ist somit (s. Gl. (A41)):

$$\hat{\underline{\underline{T}}} = \overset{*}{\underline{\underline{T}}} + \underline{\underline{T}} \, (\underline{\underline{I}} : \underline{\underline{L}}) - \underline{\underline{D}}.\underline{\underline{T}} - \underline{\underline{T}}.\underline{\underline{D}} \; . \qquad (10)$$

Mit

$$\delta \underline{\underline{E}} = (\delta \underline{\underline{F}}^T.\underline{\underline{F}} + \underline{\underline{F}}^T . \delta \underline{\underline{F}}) \, / \, 2 \quad \text{und} \quad \delta \dot{\underline{\underline{E}}} = (\delta \underline{\underline{F}}^T.\underline{\underline{L}}.\underline{\underline{F}} + \underline{\underline{F}}^T.\underline{\underline{L}}.\delta \underline{\underline{F}}) \, / \, 2 \qquad (11)$$

und den Gln. (8) und (9) geht die Beziehung (7) unter der Berücksichtigung der Symmetrie der Tensoren über in

$$\int_{V^o} J \left\{ [\, \underline{\underline{F}}^{-1}.\hat{\underline{\underline{T}}} \,] : [\delta \underline{\underline{F}}^T] + [\, \underline{\underline{F}}^{-1}.\underline{\underline{T}} \,] : [\delta \underline{\underline{F}}^T.\underline{\underline{L}} \,] \right\} dV^o = \int_{A^o} \dot{\underline{t}}^o.\delta \underline{x} \; dA^o . \qquad (12)$$

Dies ist die <u>strenge</u> Geschwindigkeitsform des Prinzips der virtuellen Verschiebungen (<u>ohne</u> Vernachlässigung von Gliedern höherer Ordnung). Dividieren von Gl. (12) durch eine virtuelle Zeit δt liefert die Geschwindigkeitsform des Prinzips der virtuellen Geschwindigkeiten bzw. der virtuellen Leistung:

$$\int_{V^o} J \, [\, \hat{\underline{\underline{T}}} : \delta \underline{\underline{L}} + \underline{\underline{T}} : (\delta \underline{\underline{L}}^T .\underline{\underline{L}}) \,] \, dV^o = \int_{A^o} \dot{\underline{t}}^o . \delta \underline{v} \; dA^o . \qquad (13)$$

Für gegebene Randbedingungen und mit einem entsprechenden Stoffgesetz können somit aus Gl. (13) das unbekannte Geschwindigkeitsfeld $\underline{v}$ und hieraus die Spannungsgeschwindigkeiten $\dot{\underline{\underline{T}}}$ zum Zeitpunkt t ermittelt werden. Durch die zeitliche Integration dieser Geschwindigkeiten ist es dann möglich, den gesuchten Zustand des Körpers zum Zeitpunkt t + Δt zu bestimmen. Um das im Anhang A beschriebene Prandtl-Reuß-Stoffgesetz anwenden zu können, ist eine weitere Umformung der Gl. (13) erforderlich. Zu diesem Zweck wird angenommen, daß die Zustände zu den Zeitpunkten t^o und t augenblicklich zusammenfallen, d. h.

$$\underline{x}^o = \underline{x} \; , \quad V^o = V, \quad A^o = A, \quad J = 1, \quad \text{und} \quad \underline{t}^o = \underline{t} \qquad (14)$$

aber

$$\dot{\underline{t}}^o \neq \dot{\underline{t}} \; . \qquad (15)$$

Diese Annahme bildet die Grundlage für die mitgehende ("updated") Lagrange-Formulierung.

Mit Gl. (10) ergibt sich aus Gl.(13)

$$\int_V \left\{ [\, \overset{*}{\underset{=}{T}} + \underset{=}{T}\,(\underset{=}{I}:\underset{=}{L})\,] : \delta \underset{=}{D} - 2(\underset{=}{D}.\underset{=}{T}) : \delta \underset{=}{D} + \underset{=}{T} : (\delta \underset{=}{L}^T . \underset{=}{L}) \right\} \, dV = \int_A \underset{=}{\dot{t}}{}^\circ . \delta v \, dA \,. \qquad (16)$$

In Verbindung mit dem Prandtl-Reuß-Stoffgesetz (Gl. (A80)) führt Gl. (16) zu einer unsymmetrischen Steifigkeitsmatrix, da $\underset{=}{T}$ nicht von einem Potential ableitbar ist, [48]. Bezieht man aber das Stoffgesetz auf die aus einem Potential ableitbare Kirchhoffspannung $\underset{=}{G}$, so erhält man eine symmetrische Steifigkeitsmatrix nach der Diskretisierung. Durch Einsetzen der Gl. (A45) in Gl. (16) ergibt sich somit als Grundgleichung, [47]:

$$\int_V [\, \overset{*}{\underset{=}{G}} : \delta \underset{=}{D} - 2\,(\underset{=}{D}.\underset{=}{T}) : \delta \underset{=}{D} + \underset{=}{T} : (\delta \underset{=}{L}^T . \underset{=}{L})\,]\, dV = \int_A \underset{=}{\dot{t}}{}^\circ . \delta v \, dA \qquad (17)$$

und als Stoffgesetz

$$\overset{*}{\underset{=}{G}} = \underset{=}{\mathcal{L}}^{-1} : \underset{=}{D} \,, \qquad (18)$$

worin $\underset{=}{\mathcal{L}}^{-1}$ der elasto-plastische Stofftensor (Gl. (A73)) ist. Man beachte, daß das Einführen des Kirchhoff-Spannungstensors in Gl. (18) anstatt des Cauchy-Tensors gerechtfertigt wird durch Gl. (A45). Mit Gl. (A45) kann nämlich gezeigt werden, daß in guter Näherung $\overset{*}{\underset{=}{G}} \approx \overset{*}{\underset{=}{T}}$ gilt, da für die in der Umformtechnik üblichen Werkstoffe die elastische Volumenänderung J vernachlässigbar ist.

Ein anschaulicher Vergleich zwischen dem in dieser Arbeit angewandten Variationsprinzip - gültig für beliebig große Formänderungen und Drehungen - (Gl. (17)) und dem in der Formulierung für kleine Formänderungen und Drehungen üblichen Variationsprinzip wurden in [61] durchgeführt.

3.2 DISKRETISIERUNG DES KONTINUUMS MIT FINITEN ELEMENTEN

Anhand der Beziehungen (17) und (18) sowie der entsprechenden Randbedingungen ist der idealisierte physikalische Vorgang des elastisch-plastischen Fließens eines Körpers für einen bestimmten Zeitpunkt vollständig beschrieben. Die Geschwindigkeitsform des Prinzips der virtuellen Geschwindigkei-

ten (Gl.(17)) führt somit zu den das Problem beschreibenden Differentialgleichungen. Diese Differentialgleichungen sind von hyperbolischer Form;
ihre Lösung liefert das gesuchte Geschwindigkeitsfeld $\underline{v}$ für die entsprechenden Randbedingungen. Die Lösung kann jedoch nicht analytisch geschlossen erhalten werden. Deshalb muß ein Näherungsverfahren herangezogen werden.

Die Feststellung, daß das Prinzip der virtuellen Geschwindigkeiten unmittelbar auf die Existenz eines Potentials zurückgeführt werden kann (s. z.
B. [62]), eröffnet die Möglichkeit, das bereichsweise Ritz-Verfahren als
Grundlage für eine Finite-Element-Lösung der Differentialgleichungen anzuwenden.

Bei der Verschiebungsmethode der Finiten Elemente wird das Geschwindigkeitsfeld bereichsweise über endliche Volumina (Finite-Elemente) - die an
Knotenpunkten miteinander verknupft sind - durch Ansatzfunktionen angenähert. Somit gilt über das ganze Volumen

$$\underline{v} = \sum_{e=1}^{m} \underline{v}^e \tag{19}$$

worin m die Anzahl der endlichen Volumina ist, und $\underline{v}^e$ die Geschwindigkeits-
verteilung über ein Finites Element beschreibt. Die Geschwindigkeiten der
Knotenpunkte sind hierbei die gesuchten Konstanten in den Ansatzfunktionen.

Die unterschiedlichen Ansatzfunktionen führen zu unterschiedlichen "Ele-
menttypen", die in Abschnitt 3.2.1 näher beschrieben werden. Die Diskretisierung des Variationsprinzips (Gl. (17)) mit Hilfe dieser Finiten Elemente
wird im Abschnitt 3.2.2 erläutert.

3.2.1 Angewandte Finite-Element-Typen

Für die Anwendung des bereichsweise Ritz-Verfahrens mussen die angenommenen
Geschwindigkeitsfelder $\underline{v}^e$ in Gl. (19) die kinematischen Randbedingungen
erfüllen. Darüber hinaus ergibt sich aus der Bedingung einer monotonen
Konvergenz bei Verfeinerung des Elementnetzes die Doppelbedingung an die
Elemente, daß die Ansätze für die Geschwindigkeitsfelder vollständig und
verträglich sein müssen. Vollständigkeit bedeutet hierbei, daß das den Elementen zugeordnete Geschwindigkeitsfeld $\underline{v}^e$ Starrkörperbewegungen und kon-

stante Formänderungsgeschwindigkeitszustände zulassen muß. Die Verträglich-
keitsbedingung entspricht der Forderung der Stetigkeit der Geschwindigkeiten im Element <u>sowie</u> über die Elementgrenzen hinweg.

All diese Forderungen sind durch die nachfolgend beschriebenen Elemente
erfüllt. Hierbei handelt es sich um isoparametrische Elemente für <u>rota-
tionssymmetrische</u> Probleme. Diese Elemente sind im Schrifttum (z.B. [63,64])
ausführlich beschrieben und sollen hier deshalb nur kurz erläutert werden.

Isoparametrische Elemente haben grundsätzlich die Eigenschaft, daß sowohl
die Geschwindigkeiten $\underline{v}^e$ als auch die Ortskoordinaten $\underline{x}^e$ mit den gleichen
Ansatzfunktionen angenähert werden. Mit dem Einführen von Vektoren und
Matrizen im Sinne der digitalen Rechentechnik kann geschrieben werden

$$\{v\}^e = [\ N\ ]^e \{a\}^e \quad ; \quad \{x\}^e = [\ N\ ]^e \{b\}^e \tag{20}$$

Hierin sind $\{a\}^e$ und $\{b\}^e$ die Vektoren der Knotenpunktgeschwindigkeiten
bzw. Ortskoordinaten, und $[\ N\ ]^e$ ist die Matrix, welche die Ansatzfunktionen beinhaltet.

Für die in dieser Arbeit benutzten Dreieck- und Viereckelemente liegen folgende Ansatzfunktionen im globalen, rotationssymmetrischen Koordinatensystem zugrunde:

<u>Dreieckelement</u>

$$\{v\} = \{\gamma_0\} + \{\gamma_1\}r + \{\gamma_2\}z \tag{21}$$

<u>Viereckelement</u>

$$\{v\} = \{\gamma_0\} + \{\gamma_1\}r + \{\gamma_2\}z + \{\gamma_3\}rz \tag{22}$$

mit γ_i als den zu bestimmenden Konstanten. Die Matrix der Formfunktionen
[N] kann hierbei aus dem Schrifttum entnommen werden, [63, 64].

Für die Diskretisierung des Variationsprinzipes im Abschnitt 3.2.2 ist der
Zusammenhang zwischen den Knotengeschwindigkeiten $\{a\}$ und den Tensoren der
Formänderungsgeschwindigkeiten $\underline{\underline{D}}$, sowie des Geschwindigkeitsgradienten $\underline{\underline{L}}$
erforderlich. Hinsichtlich der digitalen Rechentechnik ist es zweckmäßig,

einen modifizierten Formänderungsgeschwindigkeitsvektor (für rotationssymmetrische Probleme) zu definieren:

$$\{d\} = \lfloor \; d_r \quad d_t \quad d_z \quad 2d_{rz} \rfloor \tag{23}$$

worin

$$
\begin{aligned}
d_r &= \partial v_r \; / \partial r &= D_{rr} \\
d_t &= v_r \; / \; r &= D_{tt} \\
d_z &= \partial v_z \; / \partial z &= D_{zz} \\
d_{rz} &= (\; \partial \; v_r \; / \partial z \; + \; \partial \; v_z \; / \partial r \;) \; / \; 2 &= D_{rz}
\end{aligned}
\tag{24}
$$

ist. Mit den Gleichungen (20) ergibt sich

$$\{d\}^e = [\, B \,]^e \, \{a\}^e \tag{25}$$

wobei [B] eine weitere Formfunktion ist. In ähnlicher Weise kann der Vektor für den Geschwindigkeitsgradienten $\{l\}$ geschrieben werden als

$$\{l\}^e = [\, C \,]^e \, \{a\}^e \tag{26}$$

mit der Formfunktion [C]. [B] und [C] sind ebenfalls aus dem Schrifttum zu entnehmen, [50, 63, 64].

3.2.2 Diskretisierung des Prinzips der virtuellen Geschwindigkeiten

Das Prinzip der virtuellen Geschwindigkeiten, Gl. (17), kann mit Hilfe der Beziehungen (20), (25) und (26) durch die triviale Vorgehensweise ([63, 65]) übergeführt werden in

$$\sum_{e=1}^{n} (\, [\, K \,]^e \, \{a\}^e - \{\dot{f}^o\}^e \,) = 0 \; . \tag{27}$$

Hierin ist $\{\dot{f}^o\}^e$ der nominelle Kraftanderungsvektor, gegeben durch

$$\{\dot{f}^o\}^e = \int_{A^e} [\, N \,]^{e\mathsf{T}} \{\dot{t}^o\}^e \, dA^e \; . \tag{28}$$

$[\,K\,]^e$ ist die sogenannte Elementsteifigkeitsmatrix, die sich aus drei Teilmatrizen zusammensetzt:

$$[\,K\,]^e = [\,K_1\,]^e + [\,K_2\,]^e + [\,K_3\,]^e \,. \tag{29}$$

Im einzelnen gilt:

$$[\,K_1\,]^e = \int_{V^e} [\,B\,]^{eT} [\,\mathcal{L}^{-1}\,]^e [\,B\,]^e \, dV^e, \tag{30}$$

$$[\,K_2\,]^e = -2 \int_{V^e} [\,B\,]^{eT} [\,\sigma_1\,]^e [\,B\,]^e \, dV^e, \tag{31}$$

und

$$[\,K_3\,]^e = \int_{V^e} [\,C\,]^{eT} [\,\sigma_2\,]^e [\,C\,]^e \, dV^e. \tag{32}$$

Die Matrix $[\,K_1\,]$ ist die klassische elastisch-plastische Steifigkeitsmatrix, die aus der geometrisch linearen Betrachtung bekannt ist. Die symmetrische Stoffmatrix $[\mathcal{L}^{-1}]$ kann explizit aus der Beziehung (A80) hergeleitet werden als

$$[\mathcal{L}^{-1}] = \frac{E}{1+\nu}
\begin{bmatrix}
\gamma - \xi\, T_{rr}'^2 & \eta - \xi\, T_{rr}'\, T_{tt}' & \eta - \xi\, T_{rr}'\, T_{zz}' & -\xi\, T_{rr}'\, T_{rz}' \\
 & \gamma - \xi\, T_{tt}'^2 & \eta - \xi\, T_{zz}'\, T_{tt}' & -\xi\, T_{tt}'\, T_{rz}' \\
\text{S Y M.} & & \gamma - \xi\, T_{zz}'^2 & -\xi\, T_{zz}'\, T_{rz}' \\
 & & & 0{,}5 - \xi\, T_{rz}'^2
\end{bmatrix}
\tag{33}$$

mit

$$\gamma = \frac{1-\nu}{1-2\nu} \;;\quad \eta = \frac{\nu}{1-2\nu} \quad\text{und}\quad \xi = \frac{3\,\beta}{2\,k_f^2\,[\,1 + k_f'(\varphi)/(3\,G)\,]} \,. \tag{34}$$

Die Summe der Matrizen $[\,K_2\,]$ und $[\,K_3\,]$ ergibt die sogenannte "Anfangsspannungs"-Steifigkeit, die den konvektiven Anteil der Verformungskinematik berücksichtigt. Die Spannungsmatrizen $[\sigma_1]$ und $[\sigma_2]$ lassen sich einfach aus Gl. (17) herleiten.

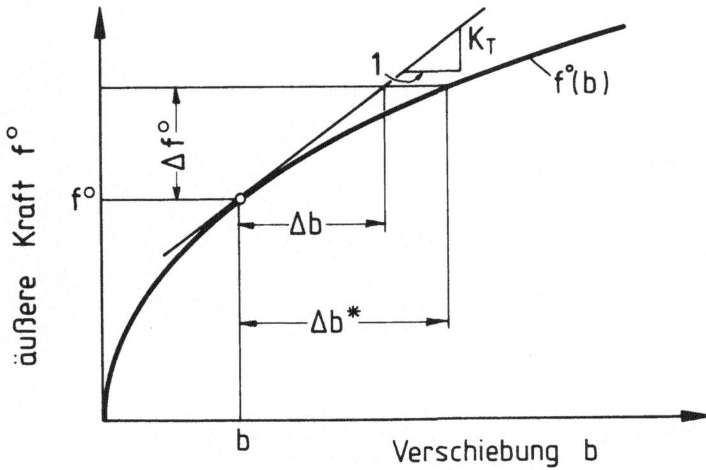

Bild 4. Interpretation der Tangentensteifigkeit $[\,K_T\,]$ für den eindimensionalen Fall.

Die diskretisierte Form des Prinzips der virtuellen Geschwindigkeiten (in Geschwindigkeitsform) , Gl. (27), läßt sich zweckmäßig wie folgt schreiben

$$[\,K_T\,]\,\{a\} = \{\dot{f}^o\}. \tag{35}$$

Hierin ist $[\,K_T\,]$ die globale Tangentenmatrix, und $\{a\}$ und $\{\dot{f}^o\}$ sind die globalen Vektoren für die Knotengeschwindigkeiten bzw. die Änderungsgeschwindigkeiten der Knotenkräfte.

Physikalisch läßt sich die Bedeutung der Tangentenmatrix $[\,K_T\,]$ anhand einer eindimensionalen Betrachtung erklären: Bild 4 zeigt ein typisches Kraft-Verschiebungs-Verhalten für einachsige elasto-plastische Beanspruchung. Ersichtlich handelt es sich um einen nichtlinearen Zusammenhang zwischen äußerer Kraft und Verschiebung. Die Tangentenmatrix $[\,K_T\,]$ beschreibt nun für einen gegebenen Zustand - gekennzeichnet durch die Verschiebung b in Bild 4 - das augenblickliche Verhalten, d. h. das "tangentiale" Verhalten des Körpers. Deshalb sind die Gln. (35) für gegebene Kraftänderungen ein lineares Gleichungssystem.

Für ein endliches Zeitinkrement Δt kann Gl. (35) auch geschrieben werden als

$$[K_T] \{\Delta b\} = \{\Delta f^0\}. \tag{36}$$

Aus Bild 4 wird aber deutlich, daß die unmittelbare Anwendung dieser Beziehung zu falschen Ergebnissen führt. Für eine gegebene Kraftänderung Δf^0 ergibt sich aus (36) ein Verschiebungsinkrement Δb statt des tatsächlichen Wertes Δb^*. Unter Berücksichtigung dieser Tatsache wird in Abschnitt 3.3 das inkrementelle Lösungsverfahren vorgelegt.

3.3 BESCHREIBUNG DES INKREMENTELLEN LÖSUNGSVERFAHRENS

Die in Bild 4 dargestellte Nichtlinearität des Kraft-Verschiebungs-Verlaufes setzt sich aus geometrie- und werkstoffbedingten Anteilen zusammen. Die geometrische Nichtlinearität ist auf die zwei Steifigkeitsmatrizen $[K_2]$ und $[K_3]$ (Gln. (31) und (32)) zurückzuführen. Hingegen resultiert die materielle Nichtlinearität aus der Steifigkeitsmatrix $[K_1]$.

In Abschnitt 3.3.1 wird die Behandlung der geometrischen Nichtlinearität, und in Abschnitt 3.3.2 der materiellen Nichtlinearität beschrieben.

3.3.1 Behandlung der geometrischen Nichtlinearität

Die numerische Behandlung der elastisch-plastischen Formgebung erfordert aus zweierlei Gründen kleine zeitliche Inkremente:

o   Das Stoffgesetz liegt in Geschwindigkeitsform vor, so daß lediglich das "tangentiale" Verhalten kontinuumsmechanisch beschreibbar ist;

o   Die stark instationären, d. h. zeitlich veränderlichen Randbedingungen - wie sie z. B. durch die Werkzeugkonturen gegeben sind - können nur dann korrekt erfaßt werden, wenn kleine Zeitschritte benutzt werden.

Aus dieser ohnehin vorgegebenen Bedingung eines kleinen Zeitinkrementes kann deshalb bei der Behandlung der geometrischen Nichtlinearität Nutzen gezogen werden.

Bild 5 verdeutlich das angewandte Lösungsverfahren. Es handelt sich um ein Euler-Verfahren mit Rückwärtseinsetzen, [60]. Dieses Verfahren wird in [66]

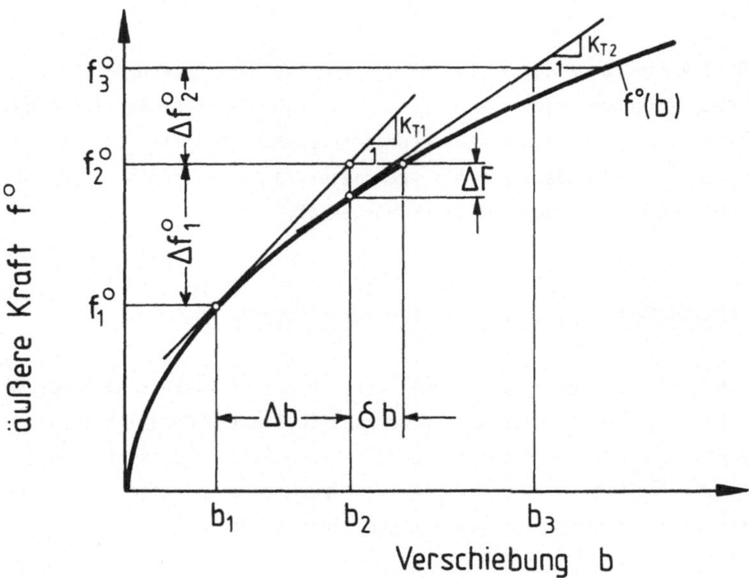

Bild 5. Euler-Verfahren mit Rückwärtseinsetzen (selbskorrigierendes Verfahren).

auch als "selbstkorrigierendes" ("self-correcting") Verfahren bezeichnet.
Aus Gl. (36) wird für eine äußere Kraftänderung Δf_1^o ein Verschiebungsin-
krement Δb berechnet. Für den neuen Zustand $b_2 = b_1 + \Delta b$ ergeben sich die
Ungleichgewichtskräfte als

$$\{\Delta F\} = \{f_2^o\} - \int_V [B]^T \{T\}\ dV\ ,\qquad (37)$$

worin der Integralausdruck die inneren Knotenkräfte darstellt. Für das
nachfolgende Inkrement wird nun Gl. (36) modifiziert zu

$$[K_T]\ \{\Delta b\} = \{\Delta f_2^o\} + \{\Delta F\}\ .\qquad (38)$$

Hierdurch ist gewährleistet, daß der berechnete Zustand sich nicht mit zunehmender Verschiebung vom exakten Verlauf entfernt ("drifting"). Dafür
wird aber in jedem Inkrement ein Verschiebungsfehler δb (siehe Bild 5) in
Kauf genommen. Wegen des kleinen Zeitschrittes ist dieser Fehler jedoch
vernachlässigbar.

Gegenüber den iterativen Lösungsverfahren, wie z. B. das Newton-Raphson-Verfahren [67], zeigt das selbstkorrigierende Verfahren erhebliche Rechenzeitvorteile. Wang und Tang [68] konnten z. B. feststellen, daß das selbstkorrigierende Verfahren um drei- bis viermal weniger Rechenzeit braucht, als ein modifiziertes Newton-Raphson-Verfahren. Ramm [60] warnt hingegen vor der Divergenzanfälligkeit dieses Lösungsverfahrens im Zusammenhang mit der Inkrementgröße. Bei den in der vorliegenden Arbeit benutzten Inkrementgrößen ist die Gefahr der Divergenz jedoch nicht gegeben. Ferner sei angemerkt, daß auch bei den iterativen Verfahr divergenzgebundene Beschränkungen für die Inkrementgröße bestehen.

3.3.2 Behandlung der materiellen Nichtlinearität

Bei der Behandlung der geometrischen Nichtlinearität im Abschnitt 3.3.1 wurde die materielle Nichtlinearität außer acht gelassen. Diese aus dem plastischen Anteil des Stoffverhaltens resultierende materielle Nichtlinearität wird durch Modifikation der Steifigkeitsmatrix $[K_1]$ (und somit auch $[K_T]$) innerhalb eines Inkrementes berücksichtigt. Hierfür wird das iterative Verfahren der Mittelpunktsteifigkeit angewandt, Bild 6. In der ersten Iteration wird aus Gl.(38) für ein gegebenes Kraftinkrement $\{\Delta f^0\}$ ein Verschiebungswert Δb_1 berechnet. Mit diesem Verschiebungswert werden die entsprechenden Inkremente in den Spannungen ($\Delta\underline{T}$ und Δk_f) bestimmt. Nun wird die Tangentensteifigkeit neu berechnet mit den Zustandsgrößen [69]

$$\left.\begin{array}{l} \{T\} = \{T_1\} + 0{,}5 \; \{\Delta T\} \\ \{k_f\} = \{k_{f1}\} + 0{,}5 \; \{\Delta k_f\} \; . \end{array}\right\} \qquad (39)$$

Hierin sind T_1 und k_{f1} die Zustandsgrößen zu Beginn des Inkrementes. Die so erhaltene Steifigkeitsmatrix ist die Mittelpunktsteifigkeit $[K_m]$. Das Lösen des Gleichungssystems

$$[K_m] \; \{\Delta b\} = \{\Delta f^0\} + \{\Delta F\} \qquad (40)$$

liefert das Verschiebungsinkrement Δb_2 für die zweite Iteration. Mit diesem Inkrement werden wiederum Spannungs- und Verfestigungsinkremente berechnet, die durch Einsetzen in (39) eine neue Mittelpunktsteifigkeit für die nächste Iteration liefern. Als Konvergenzkriterium wird die Anzahl der Iterationen benutzt. In einer umfangreichen Untersuchung [70] erwies sich

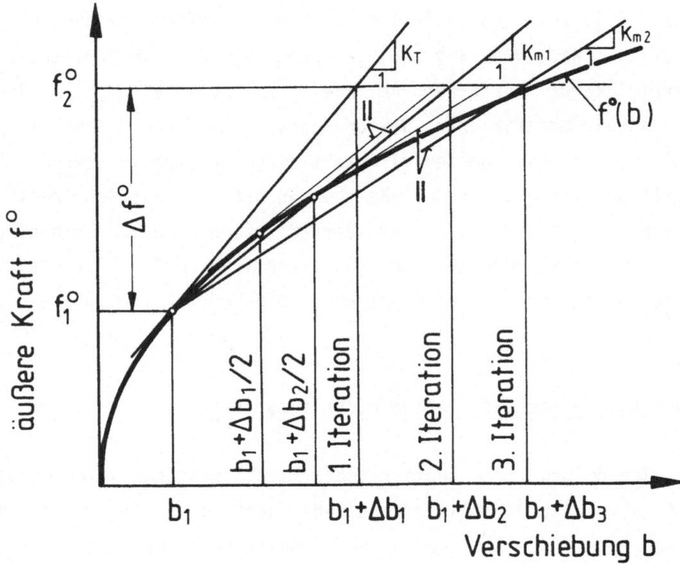

Bild 6. Verfahren der Mittelpunktsteifigkeit.

eine durchschnittliche Anzahl von drei bis vier Iterationen als vollkommen ausreichend. Zur Beschleunigung der Konvergenz wurde jeweils bei der ersten Iteration mit einer modifizierten Steifigkeit gerechnet, die sich aus den im vorausgegangenen Inkrement konvergierten Verschiebungswerten berechnen läßt.

Bei der Berechnung der Spannungsinkremente $\Delta\underline{T}$ und Δk_f sind zwei kritische Punkte zu beachten:

o   Die Behandlung derjenigen Elemente, die innerhalb eines Inkrementes die Fließgrenze überschreiten;

o   Die Erfordernis, daß am Ende eines "plastischen" Inkrementes der Spannungszustand - unter Berücksichtigung der Verfestigung - auf der Fließfläche liegen muß.

Für die Behandlung des Überganges vom elastischen zum elastisch-plastischen Stoffverhalten wird die partielle Steifigkeitsmethode nach Marcal und King

[71] angewandt. Hierbei wird für Elemente, die innerhalb eines Inkrementes die Fließgrenze überschreiten, folgende Steifigkeitsmatrix erstellt:

$$[K]^e = e [K^{el}]^e + (1-e) [K^{el-pl}]^e_. \tag{41}$$

Hierin steht der Faktor e für den rein elastischen Anteil des gesamten Formänderungsinkrementes und wird in Gl. (44) beschrieben. $[K^{el}]$ ist die elastische und $[K^{el-pl}]$ die elastisch – plastische Steifigkeitsmatrix. Diese Vorgehensweise mit Hilfe der partiellen Steifigkeit erlaubt die Benutzung einer konstanten Inkrementgröße während des ganzen Rechenlaufes. Dies ist bei den alternativen Verfahren nach [72] und [46] nicht der Fall.

Die Probleme "Erfüllen der Fließbedingung" und "Ermitteln der Ausdehnung der Fließfläche" (Verfestigung) sind gekoppelt und entsprechen im Prinzip der zeitlichen Integration des Fließgesetzes in Gl. (A80). Im Schrifttum sind eine Fülle von Integrationsalgorithmen zu finden, siehe z. B. [73, 74, 75]. Allen vorgeschlagenen Verfahren liegt grundsätzlich die Annahme eines innerhalb des Inkrementes konstanten Verzerrungsgeschwindigkeitstensors zugrunde. In dieser Arbeit wurde die "Elastic-Predictor-Secant-Corrector"-Methode von Mallett [76] angewandt. Diese Methode hat gegenüber dem iterativen Verfahren von Nagtegaal [75] den Vorteil, daß die Integration analytisch geschlossen durchfuhrbar ist:

Im neundimensionalen deviatorischen Spannungsraum (s. Bild 7), ist der Spannungszustand zu Beginn des Inkrementes Δt durch den Punkt A bzw. den Vektor $\{T'\}$ gekennzeichnet. Das Ziel ist es, den Spannungszustand am Ende des Inkrementes (Punkt E) fur einen gegebenen Verzerrungsgeschwindigkeitsvektor $\{D'\}$ zu ermitteln, d. h. das Spannungsinkrement $\{\Delta T'\}$ zu finden. In Bild 7 ist der allgemeinste Zustand dargestellt, für den der Ausgangszustand (Punkt A) innerhalb der Anfangsfließfläche - definiert durch $\sqrt{2/3}\, k_f = |\{T'\}| $ - liegt.

Den Gleichungen (A77) bis (A79) entsprechend wird zuerst der Spannungszustand im Punkt C mit der Annahme eines rein elastischen Verhaltens aus dem gegebenen Verzerrungsgeschwindigkeitsvektor (deviatorischer Anteil) $\{D'\}$ ermittelt, d. h.

$$\{T'\}^C = \{T'\}^A + 2 G \{D'\} \Delta t \ . \tag{42}$$

Mit der Annahme, daß AC eine Gerade ist (konstantes $\underline{\underline{D}}'$!), läßt sich der Wert e herleiten aus der Gleichung

$$k_f = \sqrt{3/2} \; | \; \{T'\}^A + 2\, e\, G\, \{D'\}\, \Delta t \; | \; . \tag{43}$$

Es ergibt sich

$$e = [\, (\, \{T'\}^A \cdot 2G\, \{D'\}\, \Delta t \, / \, |2G\, \{D'\}\, \Delta t|^2 \,)^2 +$$
$$+ \, (\, 2\, k_f^2\, /3 - |\{T'\}^A\,|^2 \,) \, / \, | \, 2G\, \{D'\}\, \Delta t\,|^2 \,]^{1/2}$$
$$- \{T'\}^A \cdot 2G\, \{D'\}\, \Delta t \, / \, |2G\, \{D'\}\, \Delta t|^2. \tag{44}$$

Dies ist der Faktor, der zum Erstellen der partiellen Steifigkeitsmatrix benutzt wird(s. Gl. (41)).

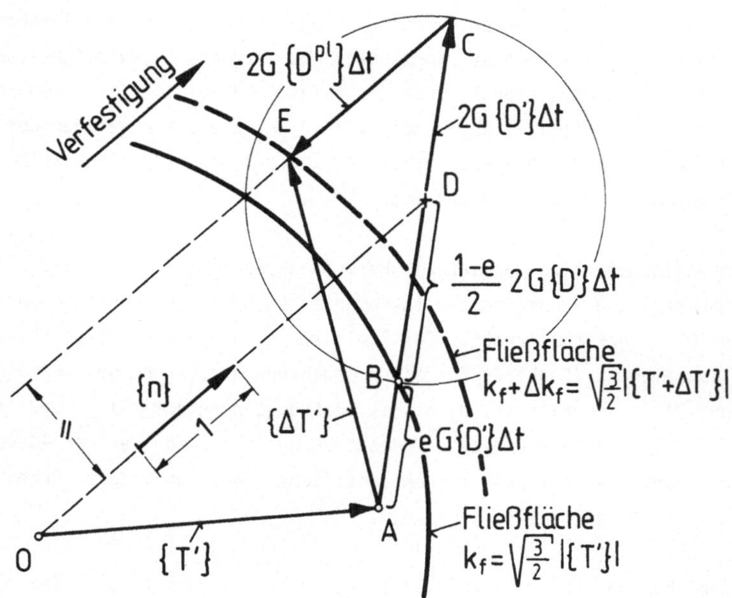

Bild 7. Geometrische Darstellung der Integration des Stoffgesetzes im Spannungsraum, [76].

Der gesuchte Spannungszustand im Punkt E ergibt sich in Anlehnung an Gl. (A79) durch die Beziehung

$$\{T'\}^E = \{T'\}^C - 2G \{D^{pl}\} \Delta t \quad . \tag{45}$$

$\{D^{pl}\}$ ist hierbei der plastische Anteil des gesamten Verzerrungsgeschwindigkeitsvektors $\{D'\}$, gegeben durch Gl. (A77). Aus dieser Gleichung ist zu entnehmen, daß zur Ermittlung von $\{D^{pl}\}$ die Fließflächennormale $\{n\}$ und die Steigung der Fließkurve k_f' erforderlich sind.

Für die Korrektur mit der Sekantenmethode (der die Annahme zugrunde liegt, daß die Fließflächennormale der Normalen am Mittelpunkt des elastisch-plastischen Formänderungsinkrementes, d. h. am Punkt D, entspricht) ergibt sich für n:

$$\{n\} \quad \text{parallel zu} \quad [\{T'\}^A + (1+e) G \{D'\} \Delta t] \quad . \tag{46}$$

Somit ist nur noch die Steigung der Fließkurve k_f' zu ermitteln, um $\{\Delta T'\}$ zu finden. Wird nun die wahre Fließkurve $k_f(\varphi_v)$ durch einen Polygonzug angenähert, so ist innerhalb jenes Segmentes k_f' konstant, so daß mit Hilfe der Gl. (46) aus (A77) $\{D^{pl}\}$, und somit aus Gl. (45) der entsprechende Spannungszustand ermittelt werden können.

3.4 BEHANDLUNG DER RANDBEDINGUNGEN

Die Tatsache, daß sich der Kraftänderungsvektor $\{\dot{f}^o\}$ aus dem nominellen Spannungsvektor $\{\dot{t}^o\}$ berechnen läßt (Gl. (28)) hat zur Folge, daß für eine virtuelle Geschwindigkeit $\delta v_i \neq 0$ nicht unbedingt $\{\dot{f}^o\}$ eindeutig gegeben ist. Dies ist der Fall bei gekrummten Oberflächen, wie sie bei umformtechnischen Vorgangen sehr häufig auftreten. In diesem Abschnitt wird deshalb zunachst die Problematik und Lösungsstrategie von gekrümmten Wirkfugen zwischen Werkstück und Werkzeug in Verbindung mit der Berücksichtigung der Reibung behandelt. Danach soll auf das zeitlich nichtlineare Kontaktproblem eingegangen werden.

3.4.1 Gekrümmte Wirkfugen und Berücksichtigung der Reibung

Bei der Diskretisierung führt die rechte Seite der Gl. (17) zu Änderungen der Knotenkräfte, die neben den belastungsbedingten Kraftänderungen auch noch sogenannte geometriebedingte Änderungen enthalten, d. h. nach der Diskretisierung gilt:

$$\{\Delta f^{\circ}\} = \{\Delta f\}_{Belastung} + \{\Delta f\}_{Geometrie} \quad . \tag{47}$$

Somit ist für eine virtuelle Geschwindigkeit $\delta v_i \neq 0$ die entsprechende Kraftänderung nicht eindeutig beschrieben, weil $\{\Delta f\}_{Geometrie}$ abhängig von den Verschiebungen ist.

Um diese zwei unterschiedlichen Anteile zu ermitteln, ist es erforderlich, die rechte Seite der Gl. (17) auf den aktuellen Zustand zu beziehen. Hierzu soll ausgegangen werden von der Grundgleichung (s. Gln. (A22))

$$\underline{t}^{\circ} dA^{\circ} = \underline{\underline{T}} \cdot \underline{n} \, dA \quad . \tag{48}$$

Deren zeitliche Differentiation führt auf

$$\underline{\dot{t}}^{\circ} \, dA^{\circ} = \underline{\underline{\dot{T}}} \cdot \underline{n} \, dA + \underline{\underline{T}} \cdot (\underline{n} \, dA)^{\cdot} \quad . \tag{49}$$

Für den Ausdruck in Klammern gilt

$$(\underline{n} \, dA)^{\cdot} = \dot{J} \, \underline{n}^{\circ} dA^{\circ} \cdot \underline{\underline{F}}^{-1} - J \, \underline{n}^{\circ} dA^{\circ} \cdot \underline{\underline{F}}^{-1} \cdot \underline{\underline{L}} \quad . \tag{50}$$

Somit ist durch Einsetzen der Gl. (50) in (48) und mit der Annahme, daß die Zustände zum Zeitpunkt t° und t augenblicklich zusammenfallen, folgender Ausdruck zu erhalten:

$$\underline{\dot{t}}^{\circ} \, dA = \underline{\underline{\dot{T}}} \cdot \underline{n} \, dA + \underline{\underline{T}} \cdot (\dot{J} \, \underline{n} \, dA - \underline{n} \cdot \underline{\underline{L}} \, dA) \tag{51}$$

$\dot{J}$ entspricht hierbei der rel. Änderung der Dichte des Stoffes. Für die in der Umformtechnik üblichen Werkstoffe gilt mit guter Näherung $\dot{J} \approx 0$. Somit läßt sich Gl. (51) vereinfachen zu

$$\underline{\dot{t}}^{\circ} dA \approx \underline{\underline{\dot{T}}} \cdot \underline{n} \, dA - \underline{\underline{T}} \cdot \underline{n} \cdot \underline{\underline{L}} \, dA \quad . \tag{52}$$

Der erste Summand auf der rechten Seite beschreibt die belastungsbedingte Kraftänderung, d. h.

$$\underline{\dot{\underline{T}}} \cdot \underline{n} \, dA \;\; ====> \;\; \{\Delta f\}_{Belastung} \tag{53}$$

und der zweite Summand die geometriebedingte Kraftänderung

$$-\underline{\underline{T}} \cdot \underline{n} \cdot \underline{\underline{L}} \, dA \;\; ====> \;\; \{\Delta f\}_{Geometrie} \quad . \tag{54}$$

Für die rotationssymmetrische Problemstellung dieser Arbeit läßt sich für $\{\Delta f\}_{Geometrie}$ folgende Beziehung herleiten (s. Bild 8): An einem materiellen Punkt P gilt

$$\underline{n} = \begin{Bmatrix} 0 \\ 1 \end{Bmatrix} , \; \underline{\underline{T}} = \begin{bmatrix} T_{tt} & T_{tn} \\ T_{tn} & T_{nn} \end{bmatrix} , \; \underline{\underline{L}} = \begin{bmatrix} \partial v_t / \partial t & \partial v_t / \partial n \\ \partial v_n / \partial t & \partial v_n / \partial n \end{bmatrix} \quad . \tag{55}$$

Für eine augenblickliche Starrkörperdrehung mit der Drehgeschwindigkeit ω ergeben sich

$$\left. \begin{aligned} \partial v_n / \partial t &= -\partial v_t / \partial n = \omega = v_t \varkappa \\ \partial v_n / \partial n &= \partial v_t / \partial t = 0. \end{aligned} \right\} \tag{56}$$

Hierin ist $\varkappa$ die augenblickliche Krümmung.

Aus Gln. (54) bis (56), sowie der Tatsache, daß $\delta v_n = 0$, ergibt sich für den Steifigkeitsanteil der geometrischen Kraftänderung

$$\int_A - T_{nn} \, v_t \, \varkappa \, \delta v_t \, dA \tag{57}$$

Ähnliche Ergebnisse wurden auch in [49, 50, 77] vorgelegt.

In der diskretisierten Form kann die punktuelle Steifigkeitsbeziehung wie folgt geschrieben werden

$$\begin{bmatrix} K_{tt} + \varkappa f_n & K_{tn} \\ K_{tn} - \varkappa f_t & K_{nn} \end{bmatrix} \begin{Bmatrix} v_t \\ 0 \end{Bmatrix} = \begin{Bmatrix} \dot{f}_t \\ \dot{f}_n \end{Bmatrix} \quad . \tag{58}$$

Für $f_t \neq 0$, d. h. für reibungsbehaftete Vorgänge, ergeben sich somit unsymmetrische Steifigkeitsmatrizen.

In dieser Arbeit wurde der Coulombsche Reibungsansatz benutzt:

$$f_t = \mu f_n \quad \text{und} \quad \dot{f}_t = \mu \dot{f}_n \ . \tag{59}$$

Hiermit folgt aus Gl. (58)

$$\begin{bmatrix} K_{tt} + \varkappa f_n & K_{tn} \\ K_{tn} - \varkappa \mu f_n & K_{nn} \end{bmatrix} \begin{Bmatrix} v_t \\ 0 \end{Bmatrix} = \begin{Bmatrix} \mu \dot{f}_n \\ \dot{f}_n \end{Bmatrix} \ . \tag{60}$$

Diese unsymmetrische Steifigkeitsmatrix wird nun im Lösungsansatz umgangen, indem für das i-te Inkrement angenommen wird, daß

$$(\dot{f}_n)_i \approx (\dot{f}_n)_{i-1}. \tag{61}$$

Diese Annahme ist aufgrund der kleinen Inkrementgröße durchaus zulässig.

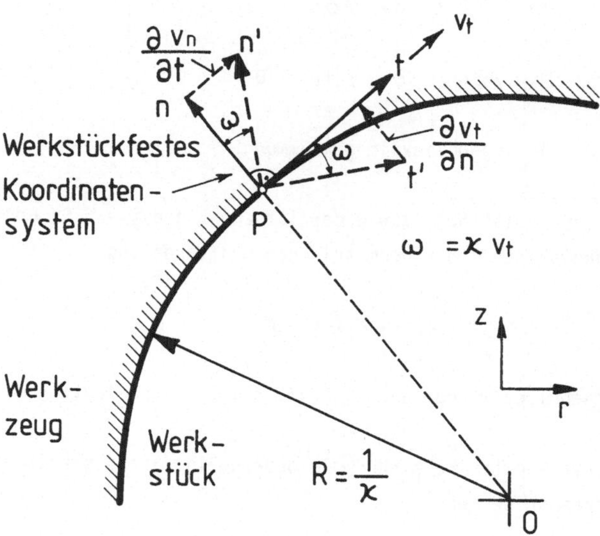

Bild 8. Kinematik des Gleitens eines materiellen Punktes P entlang einer gekrümmten Werkzeugkontur.

3.4.2 Zeitliche nichtlineare Kontaktprobleme

Bei umformtechnischen Vorgangen sind die Werkzeuge meist von komplizierter Gestalt. Aus der Sicht der Kontinuumsmechanik bedeutet dies, daß praktisch für jeden Zeitpunkt (bei instationären Vorgängen) unterschiedliche Randbedingungen vorliegen. Eine exakte Berücksichtigung dieser Randbedingungen kann nur erreicht werden, wenn mit unendlich kleinen Zeitschritten gearbeitet wird. Da dies jedoch praktisch nicht möglich ist, sind sinnvolle Näherungen für die Berücksichtigung der Randbedingungen erforderlich. Folgende Bedingungen müssen hierbei erfüllt werden:

o   Knotenpunkte an der Werkstückoberfläche dürfen nicht in das Werkzeug eindringen. Eine willkürliche Korrektur der Knotenpunktkoordinaten auf die Werkzeugkontur am Ende eines Inkrementes ist nicht gestattet;

o   Für das Anliegen eines Knotenpunktes an der Werkzeugkontur muß die Kontaktbedingung erfüllt sein, d. h. es muß sein

$$f_n < 0 \; . \tag{62}$$

Hierin ist f_n die auf die Werkzeugkontur senkrechte Knotenkraft.

In Bild 9 ist die hier benutzte Vorgehensweise, die all diese Bedingungen erfüllt, veranschaulicht.

So wird in der ersten Iteration die Gleitebene vorgeschrieben, die parallel zur Werkzeugkontur im Punkt P ist. Hieraus resultiert das radiale Verschiebungsinkrement Δr_1. In der zweiten Iteration wird die Gleitebene $\overline{PP_1}$ als Randbedingung vorgegeben. Dies führt zum radialen Inkrement Δr_2, mit dem als Gleitebene für die nachfolgende Iteration $\overline{PP_2}$ festgelegt wird. Das Konvergenzverhalten dieser Vorgehensweise ist ausgezeichnet. Durch eine Konvergenzbeschleunigung, erreicht mit der Vorgabe des im vorausgegangenen Inkrement konvergierten (Δr)-Wertes als Startwert, liegt die Anzahl der erforderlichen Iterationen bei zwei bis drei.

Wegen der kleinen Lastschrittgröße ist es auch zulässig, die Kontaktbedingung Gl. (62) jeweils am Ende des Inkrementes abzufragen.

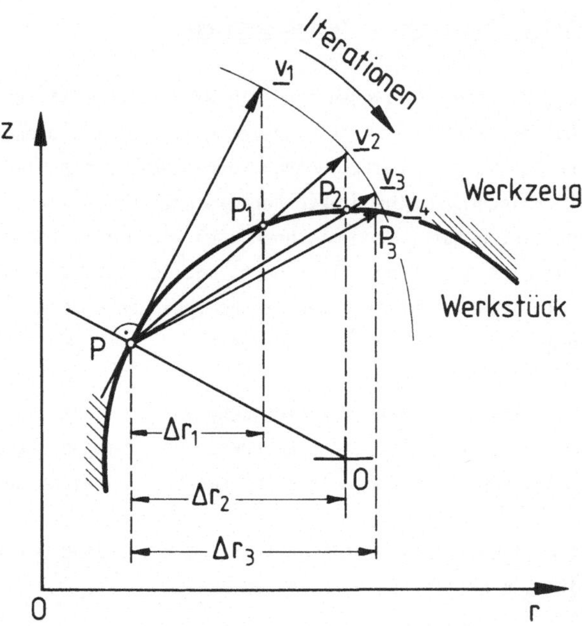

Bild 9. Iterative Vorgehensweise bei der Behandlung geometrisch nichtli-
nearer Kontaktprobleme.

3.5 IMPLEMENTIERUNG DES RECHENVERFAHRENS: DAS RECHENPROGRAMM EPDAN

Aufbauend auf den in den Abschnitten 3.1 bis 3.4 sowie im Anhang A   beschriebenen theoretischen Grundlagen wurde das Rechenprogramm EPDAN (Akro-
nym für: Elastisch-Plastische Deformations-ANalyse) erstellt.   In diesem
Abschnitt sollen der Programmaufbau sowie praktische Aspekte im Zusammenhang mit der Implementierung behandelt werden.

Bild 10 zeigt das Flußdiagramm.   Der Ablauf beginnt mit einer Reihe von
Initialisierungsaufgaben. Nach der Initialisierung beginnt die sogenannte
Inkrementschleife.   Im Hinblick auf die umformtechnische Anwendung wird in
jeder Inkrementschleife der Umformstempel um ein Inkrement des Umformweges,
bewegt und die entsprechende Lösung, d.h. Geometrie, Formänderungen und
Spannungen für das Werkstück am Ende des Inkrementes, wird ermittelt. Durch
einen vorgegebenen Inkrementwert (dies ist in der Regel die Verschiebung am
Stempel) wird der Iterationszyklus innerhalb der Inkrementschleife aktiviert. Zuerst wird der hydrostatische Anteil (rein elastisch) der Element-
steifigkeit berechnet. Dieser Steifigkeitsanteil wird für die bilinearen

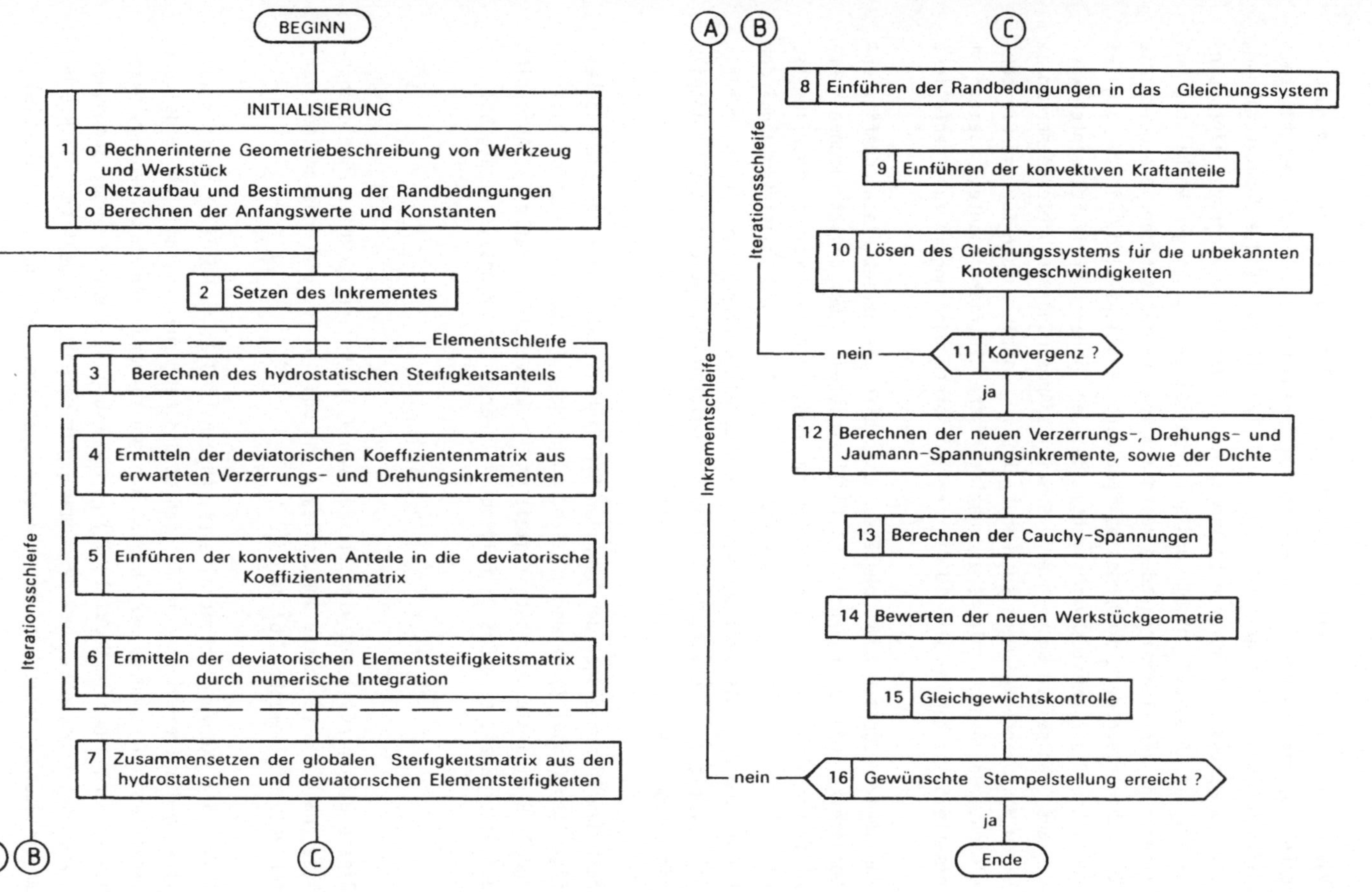

Bild 10. Flußdiagramm des Rechenprogrammes EPDAN.

Viereckelemente reduziert integriert, [63]. Der Grund hierfür sind numerische Probleme bei der rechentechnischen Behandlung der Inkompressibilitat: Es kann nämlich gezeigt werden (s. z. B. [78, 79]), daß die Zusatzbedingung der Inkompressibilität eine bestimmte Anzahl von Freiheitsgraden eines Elementes in Anspruch nimmt und somit bei einem ungünstigen Verhältnis von Gesamtzahl von Freiheitsgraden zu Anzahl von Freiheitsgraden, die durch die Zwangsbedingung der Inkompressibilität bereits belegt sind, ein zu steifes Verhalten des Elementes verursacht. Bei den linearen Dreieckelementen wurde aus den selben Gründen eine spezielle Anordnung von Dreickelementen zu einem Makroviereckelement angewandt, [79]. Deshalb wurden für die Dreieckelemente der hydrostatische und deviatorische Steifigkeitsanteil gemeinsam ermittelt, so daß in Bild 10 die zwei entsprechenden Moduln zusammenfallen.

Nun wird im zweiten Modul der Elementschleife die deviatorische Koeffizientenmatrix (der Intergrand in Gl.(30)) ermittelt. Der deviatorischen Koeffizientenmatrix werden im nachfolgenden Modul die konvektiven Anteile (s. Gln. (31) und (32)) hinzugefügt. Schließlich wird im letzten Modul der Elementschleife die deviatorische Elementsteifigkeitsmatrix durch numerische Integration ermittelt, und durch Addition des hydrostatischen Anteils die Gesamtelementsteifigkeit berechnet.

Nach dem Zusammenfügen der globalen Steifigkeitsmatrix aus den Elementsteifigkeiten (Modul 7) werden die Randbedingungen in Modul 8 eingeführt. Im Modul 9 wird die Gesamtsteifigkeit um die konvektiven Kräfte (s. Abschnitt 3.4.1) ergänzt, so daß sich folgendes lineares Gleichungssystem ergibt:

$$\left[\, K \, \right] \left\{ \Delta b \right\} = \left\{ \Delta f \right\}_{\text{Belastung}} \qquad . \tag{63}$$

Dieses Gleichungssystem wird mit dem von Roll [64] entwickelten Gleichungslöser nach dem Verfahren von Cholesky in Modul 10 für die unbekannten Verschiebungsinkremente $\left\{ \Delta b \right\}$ gelöst.

Fällt die Konvergenzkontrolle (s. Abschnitt 3.3) im Modul 11 positiv aus, so wird die Iterationsschleife beendet und der neue Zustand am Ende des aktuellen Inkrementes berechnet. Mit den konvergenten Verschiebungsinkrementen werden nun im Modul 12 die Formänderungs-, Drehungs- und Spannungsinkremente ermittelt. Bei den Spannungsinkrementen handelt es sich hierbei um die Jaumann-Inkremente der Kirchhoffspannung, berechnet nach Gl. (18).

Bei der Berechnung des Cauchy-Spannungsinkrementes ist zu beachten, daß die in Kapitel 3 und Anhang A konsequent durchgezogene Objektivitätsforderung in der Gleichung (A41) - die formal zur Ermittlung der Änderung der Cauchy-Spannung dient - nur <u>augenblicklich</u> erfüllt ist. Dies bedeutet, daß die Gl. (A41) nur für infinitesimale Zeitschritte das korrekte Spannungsinkrement liefern. Eine zeitliche Diskretisierung, wie sie aus Gl. (A41) zu erhalten ist,d.h.

$$\underline{\underline{T}}^{n+1} = \underline{\underline{T}}^{n} + \Delta \underline{\underline{\overset{*}{T}}} + \Delta \underline{\underline{\Omega}} \cdot \underline{\underline{T}}^{n} - \underline{\underline{T}}^{n} \cdot \Delta \underline{\underline{\Omega}} , \tag{64}$$

kann somit nicht zugelassen werden. Betrachtet man z. B. eine reine Starrkörperdrehung, d. h. $\Delta \underline{\underline{\overset{*}{T}}} = 0$, so reduziert sich Gl. (64) auf

$$(\underline{\underline{T}}')^{n+1} = (\underline{\underline{T}}')^{n} + \Delta \underline{\underline{\Omega}} \cdot (\underline{\underline{T}}')^{n} - (\underline{\underline{T}}')^{n} \cdot \Delta \underline{\underline{\Omega}} \tag{65}$$

und

$$(\underline{\underline{T}}_{H})^{n+1} = (\underline{\underline{T}}_{H})^{n} . \tag{66}$$

Obwohl Gl. (A41) objektiv ist, gilt dies für Gl. (65) nicht, da eine Rotation von $\Delta \underline{\underline{\Omega}}$ den <u>physikalischen</u> Spannungszustand ändert. Es ist einfach nachweisbar, daß im neundimensionalen Spannungsraum $\{T'\}^{n}$ senkrecht zu $\{\Delta \underline{\underline{\Omega}} \cdot (\underline{\underline{T}}')^{n} - (\underline{\underline{T}}')^{n} \cdot \Delta \underline{\underline{\Omega}}\}$ ist, d. h. der neue Spannungszustand liegt auf einer im Punkt $\{T'\}^{n}$ zur Fließfläche tangentialen Fläche und somit nicht auf der aktuellen Fließfläche. Durch wiederholte Anwendung der Gl. (65) nimmt deshalb die Fließspannung k_f ständig zu, obwohl nur Starrkörperdrehungen vorliegen. Für rotationssymmetrische Vorgänge kann dieser Fehler durch folgende analytische Beziehung ermittelt werden:

$$\varepsilon = (k_f^{n+1} - k_f^{n})/ k_f^{n} =$$
$$\sqrt{2[(T_{rr}' - T_{zz}')^2 + 8 T_{rz}'^2] \cdot \Delta \Omega^2 /(T_{rr}'^2 + T_{tt}'^2 + T_{zz}'^2 + 2T_{rz}'^2)+1} - 1. \tag{67}$$

Je nach Spannungszustand und Drehungsinkrement kann der Fehler ε Großenordnungen von einigen hundert Prozent erreichen.

Aus diesen Grunden haben Hughes und Winget [80] den Begriff der "inkrementellen Objektivität" eingeführt und mathematisch definiert als: Eine Prozedur ist inkrementell objektiv, wenn fur alle $\underline{\underline{R}}$ aus der Menge der eigentlich orthogonalen Matrizen

$$\underline{x}^{n+1} = \underline{\underline{R}} \cdot \underline{x}^n \quad , \tag{68}$$

die Beziehung folgt

$$\underline{\underline{T}}^{n+1} = \underline{\underline{R}} \cdot \underline{\underline{T}}^n \cdot \underline{\underline{R}}^T . \tag{69}$$

Dieser Definition entsprechend werden nun im Modul 13 aus den Jaumannschen Spannungsinkrementen die Cauchy-Spannungen wie folgt ermittelt:

$$\underline{\underline{\bar{T}}}^{n+1} = \underline{\underline{T}}^n + \Delta \underline{\underline{T}}^* \tag{70}$$

und

$$\underline{\underline{T}}^{n+1} = \underline{\underline{R}} \cdot \underline{\underline{\bar{T}}}^{n+1} \cdot \underline{\underline{R}}^T . \tag{71}$$

Für die hier betrachtete Rotationssymmetrie gilt:

$$\underline{\underline{R}} = \begin{bmatrix} \cos(\Delta\Omega) & 0 & \sin(\Delta\Omega) \\ 0 & 1 & 0 \\ -\sin(\Delta\Omega) & 0 & \cos(\Delta\Omega) \end{bmatrix} . \tag{72}$$

Für reine Starrkörperdrehungen gehen Gln. (70) bis (72) über in die Gln. (68) und (69).

Nach der Ermittlung des Spannungszustandes am Ende des aktuellen Inkrementes wird im Modul 14 eine rechnerinterne Interpretation der Gegenüberstelung der Geometrien von Werkstück und Werkzeug vollzogen. Hier werden die neuen Randbedingungen für die erste Iteration des nachfolgenden Inkrementes erstellt.

Im Modul 15 wird schließlich eine Gleichgewichtskontrolle durchgeführt. Nach Gl. (37) werden hier die verbliebenen Ungleichgewichtskräfte $\{\Delta F\}$ ermittelt, die dann im nachfolgenden Inkrement gemäß Gl. (40) als äußere Kräfte dem Gleichungssystem hinzugefügt werden. Je nach Ergebnis der Abfrage im Modul 16 wird die Rechnung entweder vom Modul 2 an wiederholt oder beendet.

4 ÜBERPRÜFUNG DES RECHENVERFAHRENS

In diesem Kapitel wird die Überprufung des in Kapitel 3 sowie Anhang A geschilderten Rechenverfahrens und des daraus abgeleiteten Finite-Element-Rechenprogrammes EPDAN beschrieben und bewertet. Die Überprüfung erfolgte anhand von Vergleichen mit geschlossenen analytischen Losungen (Abschnitt 4.1), mit der elementaren Plastizitätstheorie (Abschnitt 4.2) und mit anderen numerischen Näherungsverfahren (Abschnitt 4. 3). Über die Ergebnisse einer experimentellen Überprüfung wird in Kapitel 6 berichtet.

4.1 ROTATIONSSYMMETRISCHES STAUCHEN OHNE REIBUNG

Das einachsige Stauchen eines zylindrischen Rohteiles ohne Reibung zwischen den Stauchbahnen und dem Werkstück ist ein idealer Vorgang, der bei Verwendung der sogenannten Rastegaev-Stauchproben [81] bzw. bei Verwendung von Teflon-Folien [82] in der Praxis einigermaßen angenähert werden kann. Die Reibungsfreiheit zusammen mit Fehlen von Scherungen sind die Grundvoraussetzungen für eine homogene Umformung, für die geschlossene analytische Rechenvorschriften ableitbar sind.

Für das in Bild 11 angegebene Problem läßt sich der Spannungszustand $\underline{T}$ in Abhängigkeit von der aktuellen Werkstücklänge 1 analytisch darstellen als:

$$T_z = - k_f = -700 \, \varphi_v^{0,25} \; N/mm^2 \; ; \; T_t = T_r = T_{rz} = 0 \qquad (73)$$

mit

$$\varphi_v = \ln (l_0 / 1). \qquad (74)$$

In Abhangigkeit von der aktuellen Werkstücklänge 1 ist die Geometrie eindeutig beschrieben durch das aktuelle Volumen V (unter Belastung):

$$V / V_0 = 1 + T_z /(3K) \qquad (75)$$

worin V_0 das Ausgangsvolumen des Rohteiles beschreibt, und K der Kompressionsmodul ist. Für einen Umformgrad φ_v = 0,51, d. h. 1 = 18 mm, ergeben sich somit folgende Werte

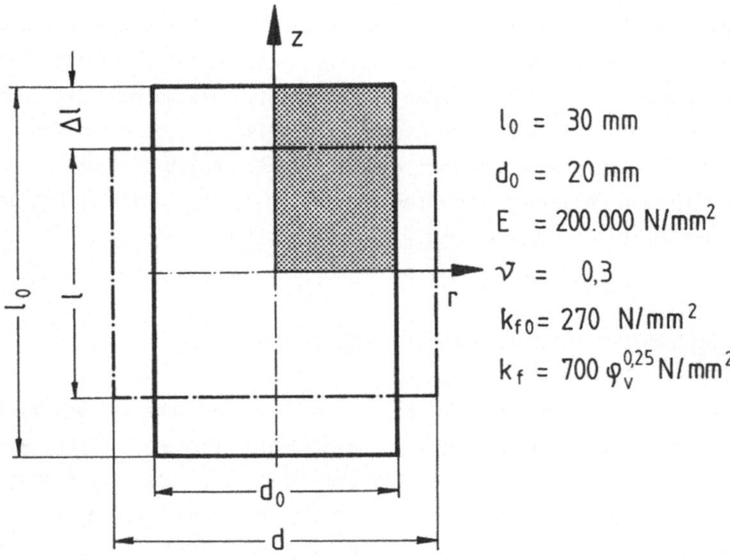

Bild 11. Daten zum reibungsfreien Stauchen eines Zylinders.

$$T_z = -591,8 \ N \ / \ mm^2 \ ; \quad V/V_o = 99,882 \ \% \ . \tag{76}$$

Der in Gl. (76) angegebene Volumenverlust resultiert aus dem elastischen Anteil des Werkstoffverhaltens.

Das gleiche Problem wurde mit EPDAN nachgerechnet. Hierzu wurden 150 isoparametrische Ringelemente mit 8 Freiheitsgraden und bilinearem Geschwindigkeitsansatz benutzt. Aus Symmetriegründen wurde lediglich der gerasterte Bereich des Rohteiles in Bild 11 idealisiert. Die Fließkurve wurde mit Segmenten der Breite $\Delta\varphi_v = 0,035$ linearisiert. Die Anzahl der Iterationen pro Inkrement war drei. Der zeitlich kontinuierliche Vorgang wurde durch 300 gleich große Zeitschritte angenähert. Somit ergibt sich für das durchschnittliche Inkrement des Umformgrades $\Delta\bar{\varphi}_v = 0,0017$ und für den Stempelweg $\Delta z = -0,02$ mm. Für eine rel. Längenänderung von 40 % wurden folgende Werte berechnet:

$$T_z = -591,5 \ N/mm^2 \ ; \quad |T_r| \approx |T_t| \approx |T_{rz}| < 10^{-7} \ ; \quad V/V_o = 99,816 \ \%. \tag{77}$$

Der Vergleich zwischen den analytisch exakten Ergebnissen (Gl. (76)) und den numerisch berechneten Ergebnissen (Gl. (77)) zeigt eine ausgezeichnete Übereinstimmung. Die minimalen Unterschiede können interpretiert werden:

Der "Volumenverlust" von 0,066 %, bezogen auf die exakte Geometrie, ist durch die zeitliche Diskretisierung zu begründen. Es kann einfach nachvollzogen werden [83], daß für das homogene Stauchen beim (n+1)ten Lastschritt das Volumen V_{n+1} gegeben ist durch

$$V_{n+1}/V_o = [r_n^2 (l_n - 0,75\,\Delta l^2/l_n - 0,25\,\Delta l^3 /l_n^2)] / (r_o^2\, l_o) \qquad (78)$$

mit

$$r_n = r_{n+1} + 0,5\, r_{n-1}\Delta l/l_{n-1} \quad \text{und} \quad l_n = l_{n-1} - \Delta l.$$

Diese Beziehung ist vollkommen <u>unabhängig</u> vom benutzten Stoffgesetz und der benutzten Formulierung. Sie gibt einzig und allein die durch die zeitliche Diskretisierung ($\Delta l \neq dl$) hervorgerufene Ungenauigkeit beim homogenen rotationssymmetrischen Stauchen wider.

Mit den für die FEM-Berechnung benutzten Daten ergibt sich somit aus Gl. (78) mit n = 299

$$V_{300}/V_o = 99,933 \text{ \% } . \qquad (79)$$

Die Multiplikation der Gln. (79) und (76) ergibt

$$V^*/V_o = (V/V_o)\cdot(V_{300}/V_o) = 99,815 \text{ \%}. \qquad (80)$$

Der Vergleich dieses um den Diskretisierungsfehler korrigierten, exakten Wertes mit Gl. (77) zeigt, daß die Volumenkonstanz durch die benutzte Formulierung praktisch exakt eingehalten wird. Der sehr geringe Unterschied von 0,001 % ist auf Rechenungenauigkeiten zurückzuführen.

Der Unterschied zwischen den Spannungswerten in Gln. (76) und (77) kann in ähnlicher Weise auf den oben beschriebenen Geometriefehler zurückgeführt werden.

4.2 VERGLEICH MIT DER ELEMENTAREN PLASTIZITÄTSTHEORIE BEIM VOLL-VORWÄRTS-FLIESSPRESSEN (VVFP)

Die elementare Plastizitätstheorie [84] ist durch Übersichtlichkeit und einfache Anwendbarkeit geprägt. Deshalb wird sie auch seit Jahren in der Praxis erfolgreich eingesetzt. Die hauptsachliche Anwendung dieser Theorie besteht in der Abschätzung des Kraftbedarfs. Für die Berechnung der örtlichen Spannungen eignet sich diese Theorie jedoch nicht.

Aus diesen Gründen wurden am Beispiel des Verfahrens Voll-Vorwärts-Fließpressen die nach EPDAN und die nach der elementaren Plastizitätstheorie berechneten Umformkräfte verglichen.

Bild 12 zeigt beispielhaft die Daten und die Idealisierung, die der FE-Berechnung zugrunde gelegt wurden. Zur Berechnung der Umformkräfte nach der elementaren Plastizitätstheorie wurde der Ansatz nach Siebel [85] benutzt, der sich wie folgt schreiben läßt:

$$F = A_o \cdot k_{fm} \cdot \varphi + (2/3)\,\widehat{\alpha} \cdot k_{fd} \cdot A_o + \pi \cdot d_o \cdot 1 \cdot k_{fo} \cdot \mu +$$
$$+ 2 \cdot k_{fm} \cdot \varphi \cdot \mu \cdot A_o /(\sin 2\alpha). \tag{81}$$

Hierin sind F die Stempelkraft, A_o die Rohteilquerschnittsfläche, 1 die Kopflänge des Werkstückes, φ der geometrische Umformgrad, k_{fd} die mittlere Fließspannung (=0,5 $(k_{fo}+k_{f1})$) und k_{fm} die arbeitsäquivalente Fließspannung, die sich für eine Fließkurve, gegeben durch den Ludwik-Ansatz, herleiten läßt, als

$$k_{fm} \approx k_{f1} /(n+1) \tag{82}$$

mit einem Fehler von etwa 1 %. Hierin ist n der Verfestigungsexponent.

Die Bilder 13 und 14 zeigen die Ergebnisse in Abhängigkeit vom Umformgrad φ und Schulteröffnungswinkel 2α.

Bemerkenswert sind in beiden Bildern:

o der mit wachsendem Umformgrad bzw. Schulteröffnungswinkel zunehmende Unterschied zwischen den Kraftwerten;

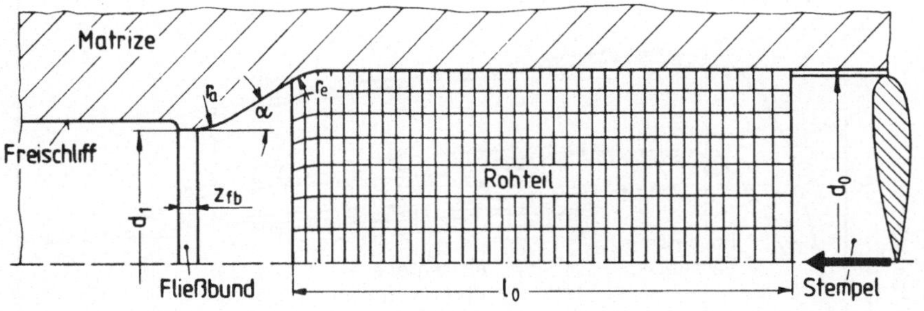

Werkstück–Daten	Werkzeug–Daten	FEM-Daten
$E = 210\,000\ N/mm^2$, $\gamma = 0,3$	$d_0 = 21,3\ mm$; $d_1 = 15,0\ mm$	259 isoparametrische Viereckelemente
$l_0 = 28,7\ mm$; $l_0/d_0 = 1,35$	$z_{fb} = 1,0\ mm$; $r_a = 3,0\ mm$; $r_e = 3,5\ mm$	
$k_{f0} = 240\ N/mm^2$	$2\alpha = 60°$	306 Knoten
$k_f = 704\ \varphi_v^{0,24}\ N/mm^2\ (Ck\,15)$	$\Longrightarrow \varphi = 0,7$; $\varepsilon_A = 50\%$	Iterationen : 3 Inkremente : 35 Schritte
$\mu = 0,06$ (konstant)		pro Element

Bild 12. Daten und Idealisierung beim VVFP.

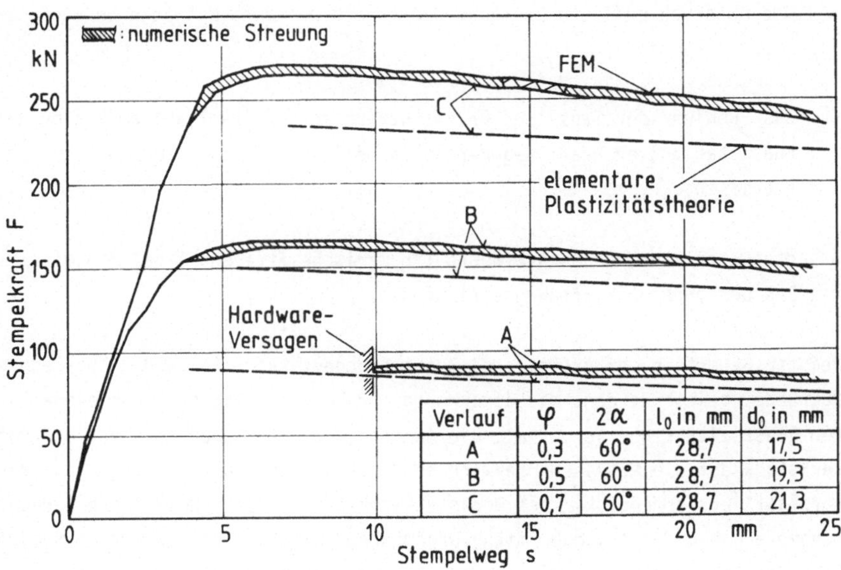

Verlauf	φ	2α	l_0 in mm	d_0 in mm
A	0,3	60°	28,7	17,5
B	0,5	60°	28,7	19,3
C	0,7	60°	28,7	21,3

Bild 13. Kraft-Weg-Verlauf beim VVFP: Vergleich der Berechnungen nach FEM und der elementaren Plastizitätstheorie (konstanter Schulteröffnungswinkel).

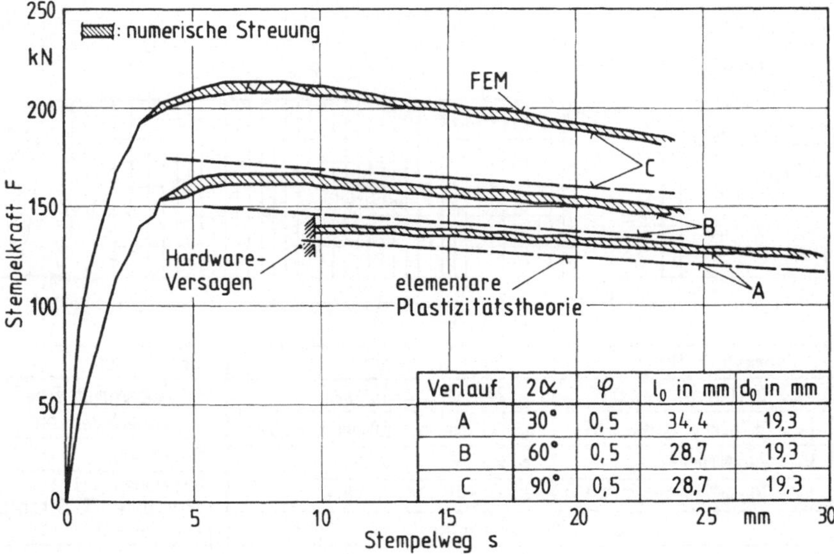

Verlauf	2α	φ	l_0 in mm	d_0 in mm
A	30°	0,5	34,4	19,3
B	60°	0,5	28,7	19,3
C	90°	0,5	28,7	19,3

Bild 14. Kraft-Weg-Verlauf beim VVFP: Vergleich der Berechnungen nach FEM und der elementaren Plastizitätstheorie (konstanter Umformgrad).

o   die unterschiedlichen Steigungen der nach den zwei Methoden berechneten Kraftverläufe;

o   das Fehlen der aus der Praxis bekannten "Kraftspitze" am Beginn des quasistationären Kraft-Weg-Verlaufes bei den numerisch berechneten Ergebnissen;

o   die oszillierenden Kraft-Werte ("numerische Streuung") bei den mit EP-DAN berechneten Kraft-Weg-Verläufen.

Bei der Bewertung der ersten zwei Beobachtungen kann folgende Überlegung zugrunde gelegt werden: die Berechnung der Umformkräfte nach der elementaren Plastizitätstheorie enthält die Annahme, daß der Innendruck p_i, der vom Werkstück auf die Matrizeninnenwand im Druckraum ausgeübt wird, gleich der Anfangsfließspannung k_{fo} des Werkstückwerkstoffes ist. Numerische Berechnungen ergaben jedoch, daß mit zunehmendem Umformgrad bzw. zunehmendem Schulteröffnungswinkel der Innendruck p_i ansteigt. Damit ist zu erklären, daß mit zunehmendem φ bzw. 2α der Unterschied zwischen den Kraftverläufen zunimmt, da durch den bei der elementaren Plastizitätstheorie konstant angenommenen Innendruck die Reibkrafte an der Innenwand der Matrize stets von den tatsächlichen Werten abweichen.

Ferner kann durch einfache Rechnung gezeigt werden, daß die Steigung des mit der elementaren Plastizitatstheorie berechneten Kraft-Weg-Verlaufes proportional dem Innendruck p_i ist. Nur für die mit B gekennzeichneten Verläufe (s. Bilder 13 und 14) entspricht der Innendruck p_i etwa der Anfangsfließspannung k_{fo}. Deshalb haben auch nur für diesen Fall die numerisch und analytisch berechneten Kraft-Weg-Verläufe nahezu gleiche Steigung. Für die Verläufe A ist $p_i < k_{fo}$; deshalb sind die numerisch berechneten Kraft-Verläufe flacher als die analytisch berechneten. Demgegenuber sind für C, $p_i > k_{fo}$ die numerisch berechneten Verläufe steiler als die analytisch berechneten.

Wird in die Berechnungsvorschrift nach Siebel (Gl.(81)) der numerisch ermittelte Innendruck anstelle von k_{fo} eingesetzt, so ergibt sich zwischen den mit der elementaren Plastizitätstheorie und den numerisch berechneten Umformkräften ein Unterschied von etwa 10 % für alle Umformgrade und Schulteröffnungswinkel.

Das Fehlen der Kraftspitze nach dem Einlaufvorgang in den numerisch berechneten Kraft-Weg-Verläufen kann auf tribologische Ursachen zurückgeführt werden. Nach Kast [86] wurde bei kleinen Umformgraden ($\varphi < 0,36$) in Versuchen keine Kraftspitze festgestellt, obwohl diese für größere Umformgrade stets in ausgeprägter Form auftrat. Kast führte diese Beobachtung auf das "Fehlen" der Reibung im Druckraum bei niedrigen Umformgraden zurück, da hier angesichts des Einlegespiels praktisch ein Verjüngen (d. h. Fließpressen ohne Aufstauchen des Werkstückkopfes) vorliegt.

Nach der Auffassung des Verfassers kann diese Argumentation vervollständigt werden durch die Hypothese, daß die Kraftspitze bei Durchdrückverfahren primär durch den Ubergang von Haftreibung zu Gleitreibung am Ende des Anlaufvorganges verursacht wird. So kann auch die experimentelle Beobachtung von Kast erklart werden, daß mit zunehmender Rohteillänge die Kraftspitze ausgeprägter wird. Dieser tribologische Sachverhalt wurde in den Berechnungen nicht modelliert. Es wurde mit einer konstanten Reibzahl gearbeitet, und auf die Uberprufung des Haftens verzichtet. Deshalb ist es auch verständlich, daß sich bei den Berechnungen keine Kraftspitzen ergaben. Auch bei den Berechnungen anderer Wissenschaftler, wie in [50, 51, 52, 56] wurden keine "numerischen" Kraftspitzen erhalten.

Die letzte Beobachtung, das Auftreten von Oszillation in den nach der FEM berechneten Kraft-Weg-Verläufen, hat seinen Ursprung in der Diskretisierung des Kontinuums. Die werkstückgebundene Diskretisierung fuhrt nämlich auch zu einer "Diskretisierung" der Randbedingungen: Die Periode der Kraftoszillationen entspricht etwa einer Elementbreite. Am Auslaufradius werden die Oberflächenelemente - die im ganzen Schulterbereich gestaucht wurden - axial gestreckt. Hierbei befindet sich ein Knoten des zu streckenden Elementes noch in der kegeligen Schulter und ein weiterer Knoten, der sich mit einer wesentlich größeren Geschwindigkeit der Matrizenoffnung zubewegt, im Auslaufradius. Bei der Vollendung der Streckung des entsprechenden Elementes erreicht die Kraft ein lokales Maximum und fallt dann bis zu einem lokalen Minimum sehr rasch ab, während dessen bereits das nachfolgende Element teilweise gestreckt ist. Durch Verfeinerung des Elementnetzes können sowohl die Periode als auch die _Amplitude_ der Kraftoszillationen drastisch vermindert werden.

4.3 VERGLEICH MIT ANDEREN NÄHERUNGSVERFAHREN

Um das numerische Verfahren anhand von Vergleichsrechnungen mit anderen Finite-Element-Berechnungen zu überprüfen, wurden zwei FE-Rechenprogramme mit starr-plastischem bzw. elastisch-plastischem Stoffgesetz herangezogen.

4.3.1 Vergleichsrechnungen mit einem starr-plastischen FE-Programm

Von Roll [64] wurde zur Berechnung von Umformvorgängen ein Finite-Element-Programm mit _starr-plastischen_ Werkstoffmodell entwickelt. Die mit diesem Programm durchgeführten Berechnungen zeigten sehr gute Übereinstimmung mit den experimentellen Beobachtungen. Das Rechenprogramm basiert auf einer andersartigen Theorie als EPDAN; als Variationsprinzip wird das Prinzip der oberen Schranke herangezogen. In diesem Fall ist es nur möglich, Lastspannungen zu vergleichen, da die Verwendung von starr-plastischen Werkstoffmodellen keine Berechnung von Eigenspannungen zuläßt. Zum Vergleich wurden drei Umformverfahren betrachtet:

Rotationssymmetrisches Stauchen

Als Reibbedingung zwischen Stauchbahn und Werkstück wurde Haftreibung angenommen, da Haftreibung eine rein kinematische Randbedingung ist und somit
einen zuverlässigen Vergleich erlaubt. Die Ausgangshöhe der Stauchprobe von
30 mm wurde um 60 % auf 12 mm reduziert. Für die Berechnungen wurden in
beiden Rechenprogrammen 150 isoparametrische Ringelemente mit vier Knoten
benutzt. Damit standen für die Berechnungen mit EPDAN insgesamt 352 Freiheitsgrade und mit dem starr-plastischen FEM-Programm 502 Freiheitsgrade
(352 Verschiebungen und 150 hydrostatische Drücke) zur Verfügung.

Bild 15 zeigt die verzerrten Elementnetze nach einer rel. Höhenabnahme von
60 %. Es ist eine gute Übereinstimmung der verzerrten Strukturen zu erkennen. Die Volumenabweichung zwischen den zwei FE-Netzen beträgt 4 % und läßt
sich aufgrund der Diskussion im Abschnitt 4.1 durch die in beiden Berechnungen verwendeten unterschiedlich großen Lastschritte erklären: in den
Berechnungen mit dem starr-plastischen Stoffmodell wurde ein um den Faktor
fünf größerer Zeitschritt verwendet als bei den Berechnungen mit EPDAN.

Das Bild 16 zeigt die berechneten relativen Axialspannungen T_z/k_{f0} für eine
Höhenabnahme von 60 %. Auch hier besteht eine gute Übereinstimmung. Zu den

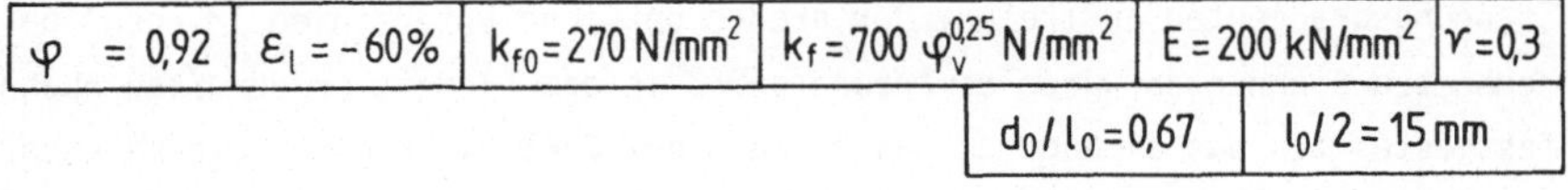

$\varphi = 0{,}92$	$\varepsilon_l = -60\%$	$k_{f0} = 270 \, N/mm^2$	$k_f = 700 \, \varphi_v^{0,25} \, N/mm^2$	$E = 200 \, kN/mm^2$	$\nu = 0{,}3$
			$d_0/l_0 = 0{,}67$	$l_0/2 = 15 \, mm$	

Bild 15. Verzerrtes FE-Netz beim Stauchen: Vergleich von FE-Berechnungen
mit starr- und elastisch-plastischem Werkstoffmodell.

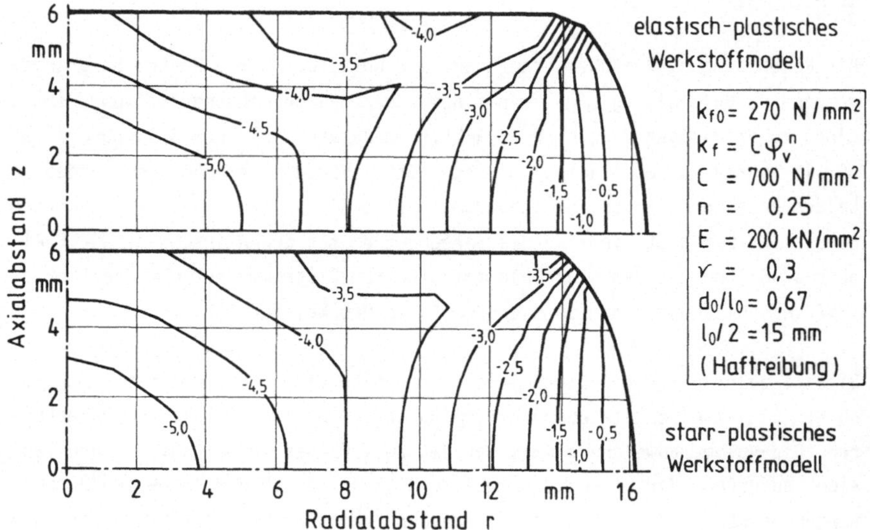

Bild 16. Rel. Axialspannung T_z/k_{f0} beim rotationssymmetrischen Stauchen mit Haftreibung.

Darstellungen der Linien konstanter Spannung sei vermerkt, daß besonders die Bereiche eng benachbarter Höhenlinien von Interesse sind, wo große Spannungsgradienten auftreten. Der größte örtliche Unterschied in den berechneten Spannungen wurde erwartungsgemäß in dem Element an der Stauchbahn festgestellt, das sich durch das Anlegen bei $\varepsilon_l \approx 30$ % in ein Dreieckelement verzerrt hatte (s. auch Bild 15). Derartige Verzerrungen bringen numerische Ungenauigkeiten bei der Integration mit vier Gaussschen Stützpunkten mit sich, so daß die Ergebnisse in solchen Elementen kritisch zu betrachten sind. Auch die Technik der reduzierten Integration (für den deviatorischen Steifigkeitsanteil) bringt hier nur eine unwesentliche Verbesserung. Bei Auftreten solch kritischer Verzerrungszustände ist die sinnvollste Abhilfe eine globale bzw. örtliche Netzneuformierung.

Rotationssymmetrisches Voll-Vorwärts-Fließpressen

Für die Vergleichsberechnungen wurde ein Fließpreßvorgang mit einer rel. Querschnittsabnahme von 50 % ($\varphi = 0,7$) bei einem Schulteröffnungswinkel von $2\alpha = 60°$ betrachtet. Die Berechnungen mit dem starr-plastischen FE-Programm konnten dank des quasistationären Charakters des Fließpressens

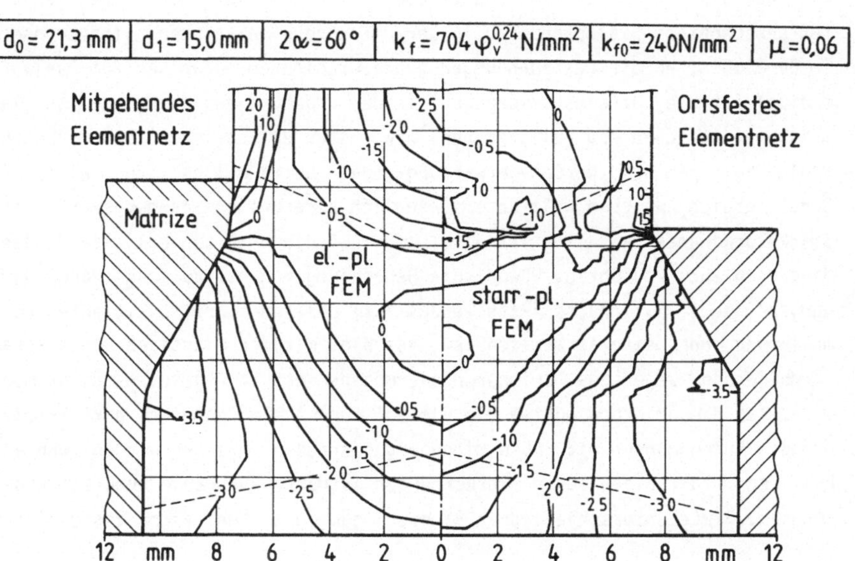

Bild 17. Rel. Axialspannung T_z/k_{f0} beim Voll-Vorwärts-Fließpressen mit einer rel. Querschnittsabnahme von 50 %.

anhand eines um die Umformzone gelegten, ortsfesten Elementnetzes betrachtet werden. Bei EPDAN war dies jedoch nicht möglich, da die Randbedingungen an den Grenzen des Kontrollvolumens **a priori** nicht bekannt sind. Aus diesen Grunden mußte auch der instationare Anlaufvorgang mit EPDAN gerechnet werden, um schließlich einen stationären Zustand in der Umformzone des Werkstuckes zu erreichen.

Bild 17 zeigt die Verteilung der rel. Axialspannung T_z/k_{f0} im betrachteten Kontrollvolumen beim Fließpressen. In diesem Bild ist auch die "Umformzone" mit einer Strichlinie vom starren bzw. elastischen Bereich abgegrenzt. Ein objektiver Vergleich kann nur in dieser Zone gemacht werden, da das starr-plastische Stoffmodell keine Lösung für starre bzw. elastische Stoffzustande liefert.[*]

---

[*] Roll [64] benutzt in seiner Formulierung ein pseudo-elastisches Stoffgesetz, um in den starren Stoffbereichen Hinweise auf die Spannungsver-

- 62 -

Aus dem Bild ist eine relativ gute Übereinstimmung der nach beiden Verfahren berechneten Axialspannungen in der Umformzone abzulesen. Insbesondere in Bereichen, wo die Lastspannungen große Gradienten aufweisen (am Auslaufradius) ist die Übereinstimmung gut. In der Umgebung der Übergange von elastisch-plastischen zu elastischen bzw. starren Bereichen ist der Unterschied zwischen den Werten erwartungsgemäß betrachtlich. Vor allem im Schaftbereich weichen die unterschiedlich berechneten Spannungswerte sehr stark voneinander ab. Dies ist u. a. auch auf die unterschiedlichen Randbedingungen zurückzuführen: Obwohl die Behandlung von singularen Randbedingungen (wie z. B. scharfer Matrizenauslauf) bei der starr-plastischen Formulierung ohne weiteres möglich ist, ist dies mit der elastisch-plastischen Formulierung wegen des "Erinnerungsvermogens" des Stoffgesetzes nicht möglich. Aus diesem Grund mußten die Einlauf- und Auslaufbereiche der Matrize bei den Berechnungen mit EPDAN mit Übergangsradien versehen werden, während bei den starr-plastischen Berechnungen scharfe Übergänge benutzt werden konnten. Diese unterschiedlichen Randbedingungen wirken sich insbesondere

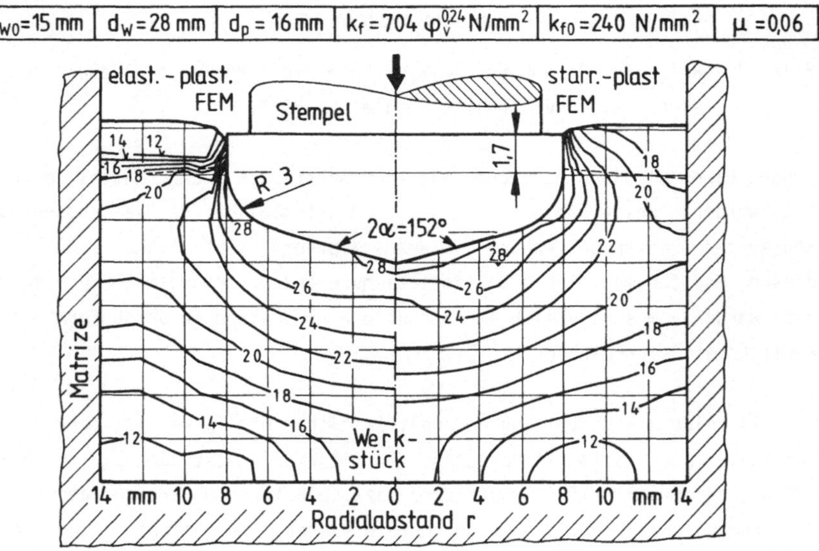

Bild 18. Rel. Vergleichsspannung $\bar{\sigma}/k_{f0}$ beim Napf-Rückwärts-Fließpressen nach einem Stempelweg von 5 mm.

---

teilung zuerhalten. Dieser Pseudoansatz liefert jedoch nur eine sehr grobe Näherung des tatsächlichen Stoffverhaltens.

auf dem Verlauf der Scherspannungen und somit auch auf die Vergleichs- bzw. Fließspannungen aus, [87].

Rotationssymmetrisches Napf-Rückwärts-Fließpressen

Bild 18 zeigt die Daten und die berechneten Vergleichsspannungen für das Napf-Rückwärts-Fließpressen nach einem Stempelweg von 5 mm. Die rel. Querschnittsänderung beträgt 33 %. Die Berechnungen wurden nach einem Stempelweg von etwa 7,3 mm wegen zu starker Elementverzerrungen abgebrochen. Bei den Berechnungen mit EPDAN wurden 210 isoparametrische Ringelemente mit vier Knoten benutzt, gegenüber 483 bei den Berechnungen mit der starr-plastischen Formulierung. Schwierigkeiten mit den nichtlinearen Randbedingungen am Stempel traten bei den Berechnungen mit dem starr-plastischen Modell auf, wirkten sich jedoch nur unwesentlich auf die berechneten Spannungen aus, [87].

Trotz der unterschiedlichen Feinheit der benutzten Netze zeigen die berechneten Spannungswerte in Bild 18 eine gute Übereinstimmung. Zu beachten ist, daß die Vergleichsspannungen $\bar{\sigma}$ beim starr-plastischen Stoffmodell stets der Fließspannung k_f entsprechen, während dies beim elastisch-plastischen nur in der Umformzone der Fall ist. Aus diesem Grund treten die größten Unterschiede wiederum in den elastischen bzw. starren Bereichen des Werkstückes auf. Diese Bereiche sind im Bild mit einer Strichlinie von der Umformzone abgegrenzt und befinden sich in der aufsteigenden, neu gebildeten Napfwand.

4.3.2 Vergleichsrechnungen mit einem elastisch-plastischen FE-Rechenprogramm

Zum Vergleich wurde das Programmsystem LARSTRAN herangezogen. LARSTRAN baut auf der "naturlichen Formulierung" nach Argyris **et al.** [55] auf und kann wie EPDAN große Formanderungen behandeln. Als elastisch-plastisches Stoffgesetz stehen bei diesem FE-Rechenprogramm sowohl ein hyperelastisches (nach [54]) als auch ein hypoelastisches (nach [47,48]) zur Verfügung. Im vorliegenden Fall wurde mit dem hypoelastischen Stoffgesetz gerechnet, da dies dem in EPDAN realisierten Stoffmodell eher entspricht.

Als Testproblem wurde das Voll-Vorwärts-Fließpressen gewählt. In Bild 19 sind die entsprechenden Daten dargestellt. Fur die Berechnungen konnten leider nur sogenannte "sanfte" Daten, d. h. kleiner Schulteröffnungswinkel, große Ein- und Auslaufradien, angefastes Rohteil, breiter Fließbund etc. gewählt werden, um mögliche programmierungs-technische Einflusse zu eliminieren. Dies war erforderlich, da die Software von LARSTRAN dem Anwender nicht zugänglich ist und somit einen "Black-Box"-Charakter hat.

Als Elemente wurden 400 Dreieckselemente mit linearem Geschwindigkeitsansatz benutzt, die so angeordnet sind, daß jeweils vier Dreieckselemente ein Viereck (Makroelement) bilden (s. Kapitel 3). Die Ergebnisse für jedes Makroelement können lediglich im Schwerpunkt mit ausreichender Genauigkeit ermittelt werden. Alle nachfolgenden Ergebnisse beziehen sich auf das in Bild 19 dargestellte verzerrte Elementnetz (untere Bildhälfte) nach einem Stempelweg von 18 mm. Für die Berechnungen mit EPDAN wurden 360 Lastinkremente mit jeweils vier Iterationen zugrundegelegt. Demgegenüber wurde bei LARSTRAN mit 90 Lastinkrementen und einer Konvergenzschranke von 10^{-3} gerechnet. Der Versuch, auch bei LARSTRAN mit einer feineren Inkrementierung zu rechnen, scheiterte an dem Konvergenzverhalten des Programmsystems. Die Konvergenzschranke wurde durch eine Konvergenzuntersuchung ermittelt und konnte mit zwei Iterationen/Inkrement stets erreicht werden. Auf einer CDC

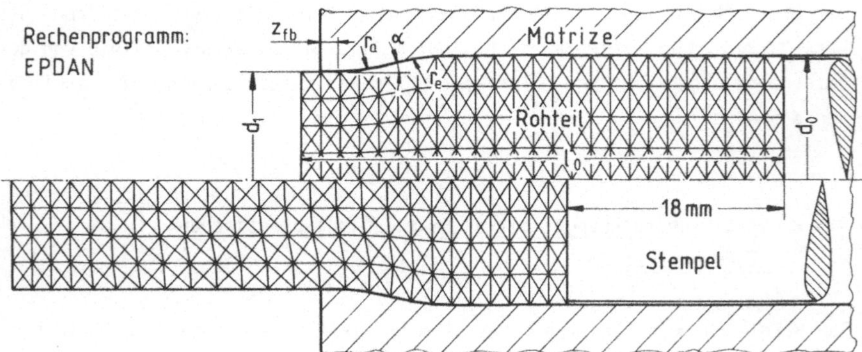

Werkstück-Daten	Werkzeug-Daten	FEM-Daten
$E = 210.000\ N/mm^2$; $\nu = 0,4$	$d_0 = 20,0\ mm$; $d_1 = 17,4\ mm$	400 Dreieckelemente
$k_{f0} = 270\ N/mm^2$	$r_e = r_a = 15\ mm$	230 Knoten
$k_f = 700\ \varphi_v^{0,22}\ N/mm^2$	$2\alpha = 25°$; $z_{fb} = 1,3\ mm$	Iterationen: 4
$l_0 = 40\ mm$; $l_0/d_0 = 2$ (angefast)	$\longrightarrow \varphi = 0,3$; $\varepsilon_A = 25\%$	Inkremente: 32/Element

Bild 19. Daten, Idealisierung und verzerrtes FE-Netz für das Testproblem.

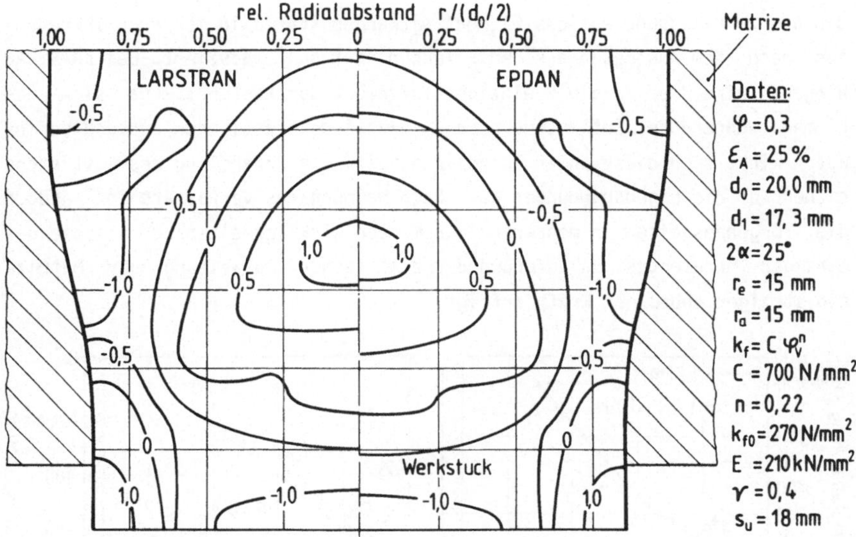

Bild 20. Relative Axialspannung T_z/k_{fo} beim VVFP: Vergleich zwischen LAR-
STRAN und EPDAN.

6600 Rechenanlage betrug die Zeit pro Iteration bei EPDAN etwa 2,52 CPU-Sekunden und bei LARSTRAN 7,96 CPU-Sekunden.

Die berechneten Axialspannungsverteilungen in der Umformzone sind in Bild 20 dargestellt. Die Übereinstimmung der Ergebnisse ist ausgezeichnet. Bemerkenswert ist die für kleine Umformgrade typische Zugspannungszone im Kern der Umformzone. Hier können u. U. sogennante Chevronbrüche auftreten.

In Bild 21 sind die nach EPDAN und LARSTRAN berechneten Eigenspannungsverteilungen im Querschnitt eines fließgepreßten Schaftes im stationären Bereich aufgetragen. Der maximale örtliche Unterschied zwischen den Ergebnissen beider Rechenprozeduren beträgt 11 %. Eigene Berechnungen zeigten, daß die Lastschrittgröße einen wesentlich größeren Einfluß auf die Verteilung der Eigenspannungen hat, als dies bei den Lastspannungen der Fall ist. Angesichts der unterschiedlichen Lastschrittgrößen in den Berechnungen mit LARSTRAN und EPDAN kann somit der Unterschied von bis zu 11 % teilweise verständlich gemacht werden. Als eine weitere Ursache für diese Abweichungen kann die unterschiedliche Behandlung der singulären Randbedingung beim

Austreten eines Elementes aus dem Fließbund genannt werden. Bei EPDAN werden die im Fließbund auf das Element wirkenden Kräfte in mehreren Inkrementen nach dem Austreten aus dem Fließbund auf Null reduziert. Bei LARSTRAN hingegen wird dies in einem einzigen Inkrement durchgeführt. Da sich das Element während des Entlastens noch im elastisch-plastischen Zustand befindet, wirkt sich diese unterschiedliche zeitliche Behandlung des Austretens sicher auf die Eigenspannungen aus. Nach Meinung des Verfassers ist jedoch die Vorgehensweise in mehreren Inkrementen wirklichkeitsnäher als die des einzigen Inkrementes, da aufgrund der elastischen Aufweitung der Matrize ein stetiger Abbau der Kraft erfolgt.

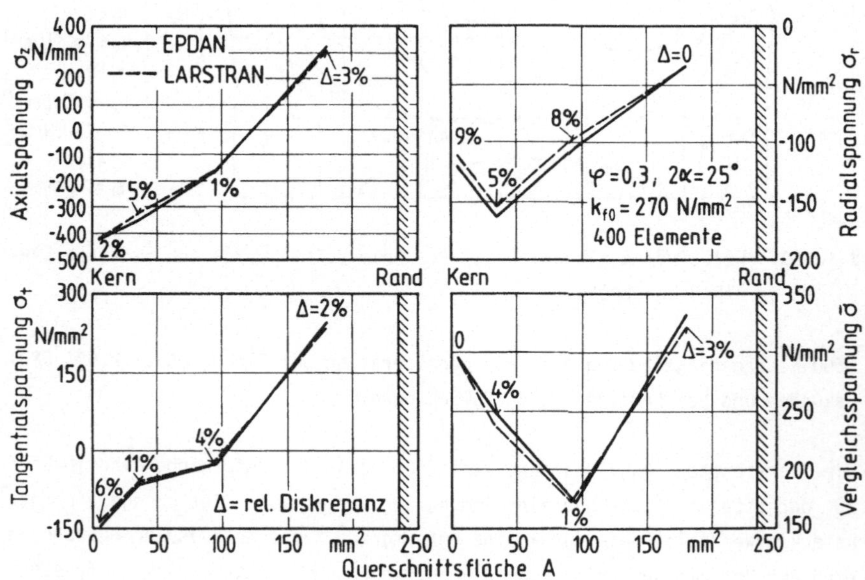

Bild 21. Eigenspannungen im stationären Bereich eines Fließpreßteiles: Vergleich zwischen LARSTRAN und EPDAN.

5.1 ÜBERBLICK

In diesem Kapitel werden rechnerisch ermittelte Eigenspannungen in umgeformten Werkstücken anhand ausgesuchter Probleme aus der Kaltmassivumformung vorgestellt. Die untersuchten Verfahren sind in Bild 22 dargestellt.
Im Hinblick auf durch die Fertigung im Werkstück erzeugten Eigenspannungen
lassen sich diese Verfahren in zwei Gruppen einteilen: Einweg- und Zweiwegverfahren. Zur Erklärung dieser Unterteilung sollen die Vorgänge beim VVFP
- einem Zweiwegverfahren - anhand des Bildes 23 beschrieben werden.

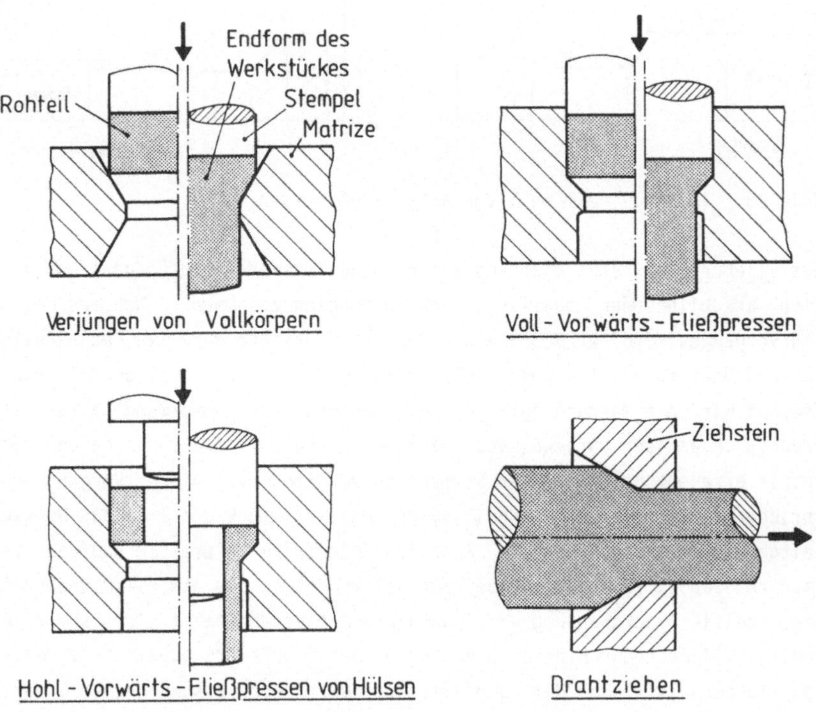

Bild 22. Prinzipskizzen der untersuchten Verfahren.

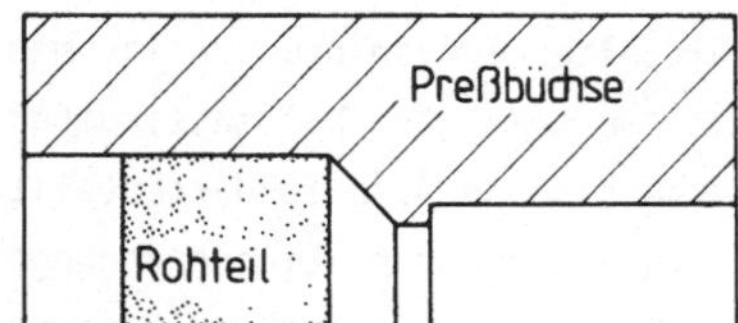

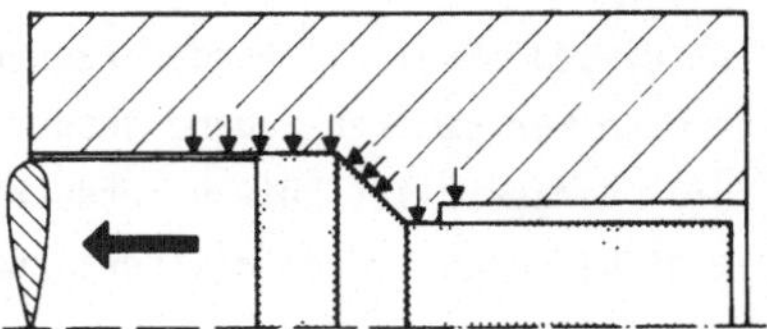

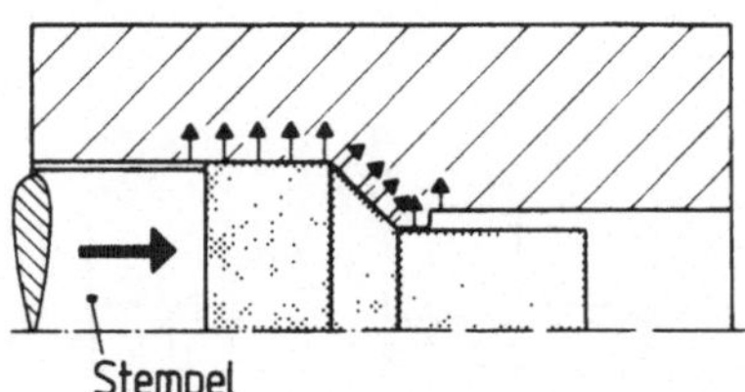

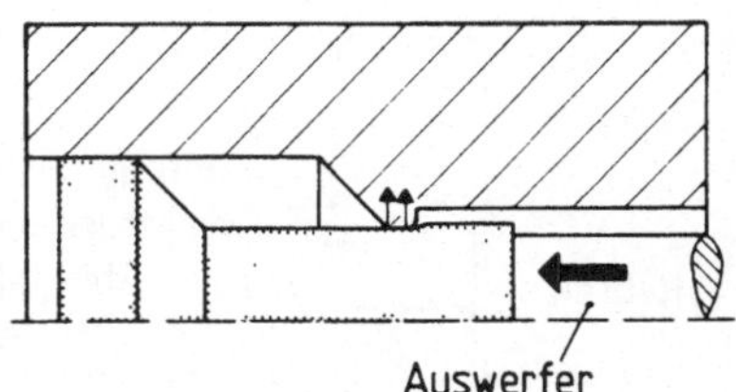

Bild 23. Vorgänge beim Voll-Vorwärts-Fließpressen.

Das Fließpressen setzt sich aus einem instationären Anlaufvorgang und einen sich anschließenden quasi-stationären Vorgang zusammen. Während des Anlaufvorganges wird der Schulterbereich mit Werkstoff gefüllt. Nach Austreten des Werkstoffes aus dem Fließbund beginnt der quasi-stationäre Vorgang. Hierbei wird die Matrize infolge des während der Umformung aufgebauten Druckes elastisch aufgeweitet. Nachdem das Werkstück die vorgegebene Geometrie erreicht hat, wird der Stempel zurückgezogen. Dieser Vorgang entspricht dem Entlasten, wobei sowohl das Werkstück als auch das Werkzeug weitgehend entlastet werden. Folglich federt die elastisch aufgeweitete Matrize zurück und übt dabei auf das Werkstück u.a. im Fließbundbereich eine radiale Druckspannung aus. Nach dem Entlasten stellt sich somit ein innerer Fließbunddurchmesser ein, der um den Rückfederungsbetrag der Matrize kleiner ist als der Durchmesser des schon ausgetretenen Schafts. Schließlich wird das Werkstück mit einem Auswerfer ausgestoßen (Auswerfen). Da der Schaft jetzt einen geringfügig größeren Durchmesser hat als der Innendurchmesser der Matrize am Fließbund, findet hier nochmals eine (geringfügige) Verformung statt.

Einer Analyse des VVFP, wie sie oben dargestellt wurde, kommt eine große Bedeutung zu, da bei der Ermittlung der Eigenspannungen jede Verformung -

sei sie auch nur gering - zu beachten ist. Deshalb ist es beim VVFP erforderlich, auch den Ausstoß-Vorgang zu berücksichtigen, obwohl er für die Auslegung der Werkzeuge nicht entscheidend ist.

Die Grundlage der Zweiwegverfahren bildet somit das Vorhandensein zweier Vorgänge, wie beispielsweise Fließpressen und Auswerfen, von denen jeder die Eigenspannungsverteilung im Werkstück beeinflussen kann. In diese Verfahrensgruppe sind auch das Verjüngen und das Hohl-Vorwärts-Fließpressen einzuordnen.

Demgegenüber gehört das Verfahren Drahtziehen der Gruppe der Einwegverfahren an. Die Eigenspannungsverteilung im Werkstück wird hierbei lediglich durch einen einzigen Vorgang, die eigentliche Umformung, bestimmt. Das elastische Verhalten der Werkzeuge hat in der Regel keinen Einfluß auf die Eigenspannungen im Werkstück.

In den nachfolgenden Abschnitten wird das VVFP ausführlich behandelt. Zu Vergleichszwecken werden für die restlichen Verfahren exemplarische Berechnungsergebnisse angegeben.

5.2 <u>VOLL-VORWÄRTS-FLIESSPRESSEN (VVFP)</u>

5.2.1 <u>Einleitung</u>

Die Vorgehensweise zur Berechnung von Eigenspannungen wird in Bild 24 schematisch dargestellt. Die Grundidee der Simulation ist das Entkoppeln des elastischen Verhaltens der Matrize vom elastisch-plastischen Verhalten des Werkstücks. Als Eingabe sind Daten zur Beschreibung von Werkstück und Werkzeug sowie zur Festlegung der Rechengenauigkeit erforderlich. Mit diesen Daten wird die Fließpreßversion von EPDAN aktiviert (Modul 1). In diesem Modul wird die Rechnung für den instationären und quasi-stationären Teil des Fließpreßvorganges durchgeführt. Hierbei wird die Matrize als starr angenommen. Diese Vorgehensweise ist insofern gerechtfertigt, als die Aufweitung der Matrize, verglichen mit der gesamten Querschnittsabnahme, gering ist und somit einen vernachlässigbaren Einfluß auf das Geschehen in der Umformzone hat. Nach Erreichen einer vorgegebenen Stempelstellung

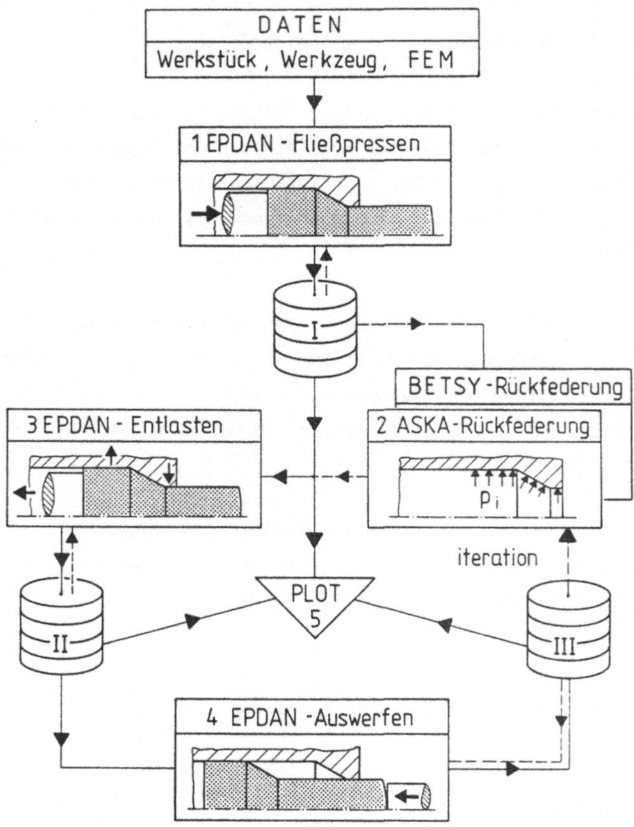

Bild 24. Programmkonfiguration zur Berechnung der Eigenspannungen bei den
Zweiwegverfahren.

werden die Ergebnisse (Geometrie, Spannungen, Formänderungsgeschwindigkeiten, **etc.**) abgespeichert (Speicher-I).

Der nächste Schritt beinhaltet das Entlasten der Struktur. Dabei kann die
Matrize nicht mehr als starr angesehen werden, da die Rückfederung im
Fließbundbereich berücksichtigt werden muß. Für eine gegebene Matrizengeometrie können zur Berechnung dieser Rückfederung das linear-elastische Fi-
nite-Element-Programmsystem ASKA [88] oder das Boundary-Element-Programmsy-
stem BETSY [89] herangezogen werden (Modul 2). Im Modul 2 wird die Matrize
idealisiert, und anhand der während des Fließpressens auftretenden Innen-

druckverteilung (über Speicher I) werden die elastischen Aufweitungswerte
ermittelt.   Unter der Annahme, daß die Aufweitung am Fließbund in erster
Näherung der Rückfederung entspricht, wird der Stempel zurückgezogen. Dieser Vorgang wird im Modul 3 verwirklicht, und das Ergebnis in den Speicher
II übertragen.

Im letzten Teil der Rechnung wird der fließgepreßte Schaft durch die um den
Rückfederungsbetrag kleiner gewordene Fließbundöffnung ausgestoßen (Modul
4). Hier wird die Matrize wiederum als starr angenommen.   Das Ergebnis
dieser Rechnung wird sodann im Speicher III festgehalten, um anschließend
mit Hilfe von Plot-Programmen dargestellt werden zu können.

Selbstverständlich entspricht die Verkleinerung des Fließbunddurchmessers
nur näherungsweise der elastischen Aufweitung der Matrize, die im Modul 2
berechnet wurde. Da sich während des Entlastens der Schaft des Werkstückes
im Fließbundbereich befindet, kann die Matrize nicht vollständig zurückfe-
dern. Die wahre Durchmesserverkleinerung kann jedoch durch ein Iterations-
verfahren ermittelt werden, indem der Rückfederungsbetrag laufend an die
während des Auswerfens auftretende Innendruckverteilung angepaßt wird (Bild
24). Im Rahmen der vorliegenden Arbeit wurde auf diese Iterationsschritte
verzichtet, weil die Ergebnisse jeweils nur für eine Matrizengeometrie gültig wären.

5.2.2 Exemplarische Berechnung der Verfahrensfolge

In diesem Abschnitt sollen der Berechnungsgang anhand eines ausgewählten
Beispiels demonstriert und einige grundsätzliche Überlegungen zum Einfluß
des Auswerfens auf die Eigenspannungsverteilung in einem Fließpreßteil gemacht werden.

Bild 12 (Kapitel 4) zeigt die Daten und die vorgenommene Idealisierung des
Rohteils beim VVFP mit einer rel. Querschnittsabnahme von $\varepsilon_A = 50\ \%$. Der
geometrische Umformgrad betragt

$$\varphi = \ln (A_0 / A_1) = 2 \ln (d_0 / d_1) = 0,7 . \tag{83}$$

Die Werkstoffdaten entsprechen einem weichgegluhten Ck 15-Stahl. Als Reibzahl μ wurde der Wert 0,06 aus dem Schrifttum [85] übernommen.

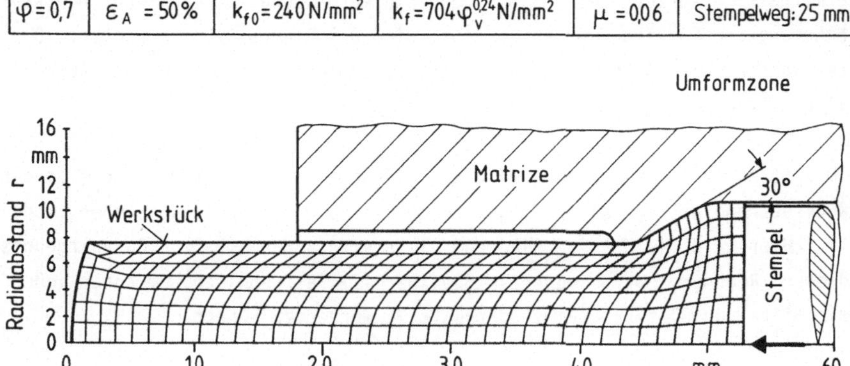

Bild 25. Verzerrtes FE-Netz beim Fließpressen nach einem Stempelweg 25 mm.

Fließpressen

In Bild 25 ist das Werkstück beim Fließpressen nach einem Stempelweg von 25 mm dargestellt. Das verzerrte FE-Netz zeigt deutlich das bekannte "Voreilen" des Kerns beim VVFP. Betrachtet man im Schaftbereich eine ursprünglich ebene radiale Elementreihe, so kann festgestellt werden, daß die axiale Breite der verzerrten Elemente über den Radius etwa gleich geblieben ist. Das Voreilen des Kernes ist auf die Verzögerung der axialen Streckung der äußeren Werkstückbereiche, verursacht durch die Fließbehinderung an der Schulter, zurückzuführen. Während der Umformung werden die Elemente im Kern nahezu gleichmäßig über der ganzen Umformzone (in Bild 25 mit einem Raster hervorgehoben) axial gestreckt. Im Randbereich hingegen werden die Elemente zunächst nur geringfügig axial gestreckt (u. U. sogar gestaucht). Erst am Auslaufradius erfolgt die endgültige axiale Streckung mit sehr hohen Formänderungsgradienten. Aus dem Bild ist auch deutlich der instationäre Bereich am Anfang des Schaftes zu erkennen.   Die Ausdehnung dieses Bereiches entspricht etwa der Schulterhöhe (incl. Fließbund).

Für die in Bild 25 angegebene Geometrie des Werkstückes (während des Fließpressens) sind die Spannungs- und Formänderungsverläufe in Bild 26 dargestellt. Der Übersichtlichkeit halber sind jeweils nur drei Kurven (jeweils den Elementen zugeordnet, die vor der Umformung einen konstanten Radialab-

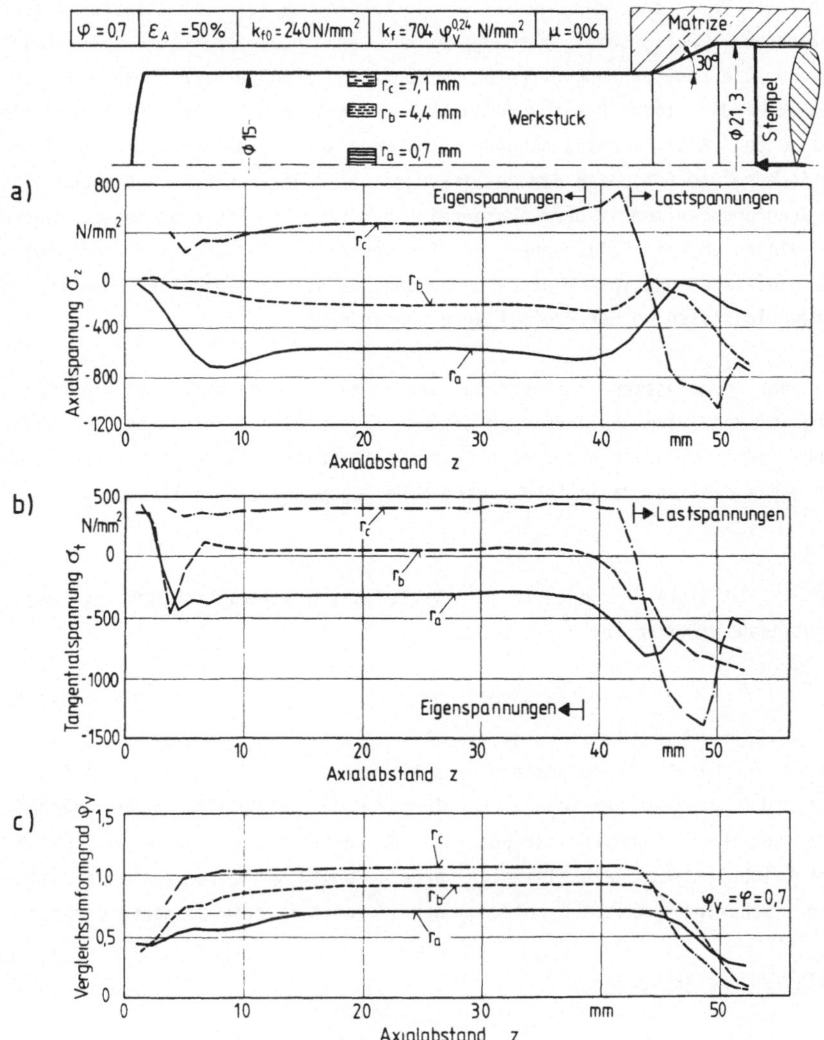

Bild 26. Verlaufe von Spannungen und Vergleichsumfomgrad beim Fließpressen
(Stempelweg: 25 mm).

stand zur Rotationsachse hatten) eingezeichnet. Im obersten Teilbild sind
die Radien der betrachteten Elementreihen gekennzeichnet. Diese Radien
beziehen sich auf die Elementschwerpunkte. Aus der Axialspannungsverteilung (Teilbild a) ist zu entnehmen, daß ab einer Entfernung vom Fließbund,

die etwa dem halben Durchmesser des Schaftes entspricht, die Spannungen konstante Werte annehmen, um dann im instationaren Teil des Schaftes wieder abzunehmen. Der gesamte Spannungsverlauf kann in zwei Bereiche unterteilt werden. Die Lastspannungen treten im Kopf- und Schulterbereich auf und werden durch die Stempelkraft verursacht. Jenseits des Fließbundes konnen die Spannungen als Eigenspannungen bezeichnet werden, da bereits in geringer Entfernung vom Fließbund die Auswirkungen der äußeren Krafte abklingen. Das Zugspannungsmaximum im Übergangsbereich von Last- zu Eigenspannungen wurde in vielen anderen Fällen ebenfalls festgestellt. Fur den Fließpreßvorgang hat diese Spannungsspitze große Bedeutung, da sie im genannten Bereich zu Tangentialrissen an der Mantelfläche führen kann.

Aus der gemeinsamen Betrachtung der axialen und tangentialen Eigenspannungsverläufe wird deutlich, daß dieses Fließpreßteil hinsichtlich Spannungsrißkorrosion und evtl. auch Dauerschwingfestigkeit durch Eigenspannungen gefährdet ist, da im Randbereich hohe Zugspannungen vorliegen.

Die im Teilbild c dargestellte Verteilung des Vergleichsumformgrades zeigt, daß im Kernbereich der Probe

$$\varphi_v \approx \varphi = 0{,}7 \tag{84}$$

ist, d. h. der Kern wurde nahezu homogen umgeformt. Mit zunehmendem Radialabstand nimmt aber der Vergleichsumformgrad zu und erreicht einen Höchstwert von $\varphi_v = 1{,}2$ unmittelbar unterhalb der äußersten Elementreihe. Dieser Wert beinhaltet die wechselsinnige Formänderungsgeschichte (axiales Stauchen - Scherung - axiale Streckung) der Elemente im schulternahen Bereich.

Entlasten und Auswerfen

Nach einem Stempelweg von 25 mm wurde der Fließpreßvorgang gestoppt. Anhand der Innendruckverteilung für diese Stempelposition wurde die Matrizenaufweitung mit dem FE-Rechenprogramm ASKA [88] fur eine Matrize mit Außendurchmesser 160 mm und Höhe 102 mm berechnet. Für den Fließbunddurchmesser der Matrize ergab sich ein Aufweitungswert von 0,04 mm. Unter Berücksichtigung dieser Aufweitung und der Annahme, daß die Matrize vollständig zurückfedert, wurde der Stempel "numerisch zurückgezogen". Hierzu wurde die Stempelkraft inkrementell auf Null reduziert. Dem Bild 24 entsprechend wurde schließlich das Werkstück durch den um den Rückfederungsbetrag kleineren Fließbund ausgeworfen. In Bild 27 ist die Axialspannungsverteilung während des Auswerfens dargestellt. Ein Vergleich mit Teilbild 26a zeigt, daß sich die Eigenspannungen trotz einer geringen Flächenabnahme von etwa 0,5 % beträchtlich ändern.

In Bild 28 sind die vier Eigenspannungskomponenten nach dem Fließpressen und Auswerfen über der Querschnittsfläche A im stationären Bereich des Schaftes einander gegenübergestellt. Aus den Teilbildern geht deutlich hervor, daß die durch den Preßvorgang verursachten hohen, gefährlichen Eigenspannungen während des Auswerfens weitgehend abgebaut werden. Die Zugeigenspannungen an der Oberfläche gehen dabei fast auf Null zurück. Des weiteren zeigt die Vergleichsspannung $\bar{\sigma}$ nach v. Mises einen "Gewinn an Belastbarkeit" des Werkstücks für den betrieblichen Einsatz. Die Fließspannung nach dem Preßvorgang hat - bedingt durch die Verfestigung des Werkstoffs - einen mittleren Wert $\bar{k}_f$ = 700 N/mm^2. Der Eigenspannungswert der Vergleichsspannung an der Oberfläche beträgt dabei ca. 500 N/mm^2. Nach dem Ausstoßen sinkt dieser Wert auf ca. 100 N/mm^2. Dies bedeutet eine wesentliche Verbesserung, falls der Fließbeginn des Werkstücks bzgl. seines betrieblichen Einsatzes, ein Versagenskriterium darstellt.

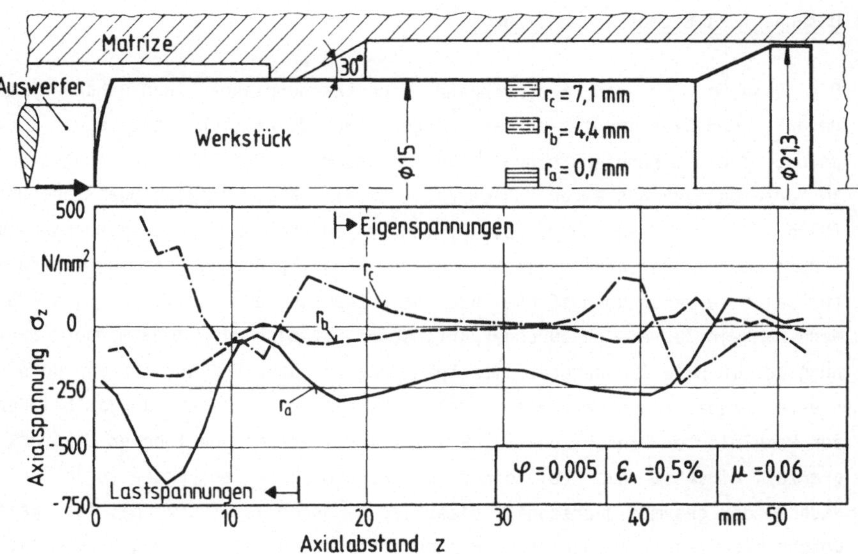

Bild 27. Verlauf der Axialspannungen während des Auswerfens.

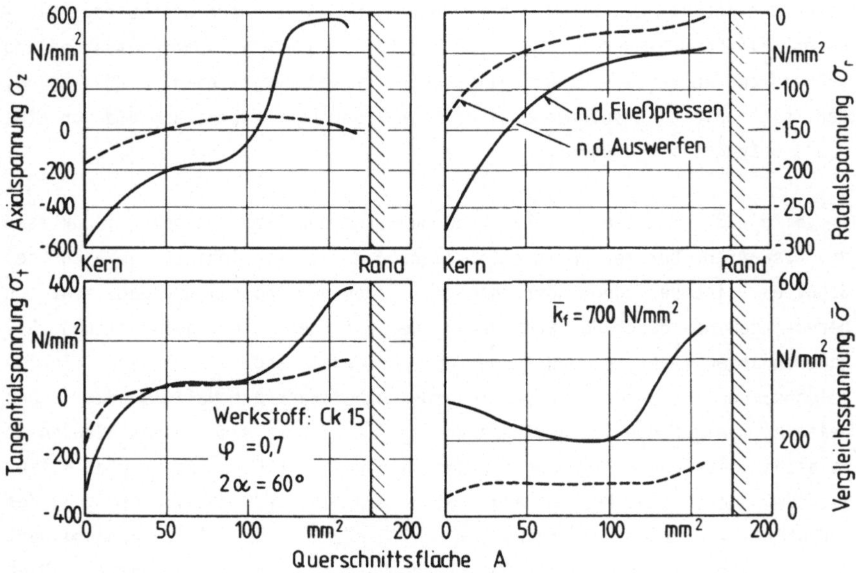

Bild 28. Eigenspannungen im stationären Bereich des Schaftes nach dem
Fließpressen und Auswerfen.

Ursachen des Eigenspannungsabbaus

Die Ursache für den beschriebenen Eigenspannungsabbau kann anhand eines
gedanklichen Experimentes erklärt werden. Man denke sich hierzu eine Zugprobe, die im Kern aus einem vollen Zylinder mit Druckeigenspannungen und
im Mantelbereich aus einem hohlen Zylinder mit Zugeigenspannungen besteht
(Bild 29a).   Dies würde z. B. den Verlauf der Axialeigenspannungen im
Schaft des Fließpreßteiles grob annähern. Das Spannungs-Dehnungs-Diagramm
für eine eigenspannungsfreie Zugprobe entspreche dem Verlauf in Bild 29b.
Wird nun ein Zugversuch durchgeführt, so ergibt sich mit zunehmender Dehnung der in Bild 29c dargestellte Spannungs-Dehnungs-Verlauf für die kombi-
nierte Probe (durchgezogene Kurve).   Es ist ersichtlich, daß das Fließen
der kombinierten Probe (Punkt A, Bild 29c) bei einer geringeren "Streckgrenze" einsetzt als bei einer eigenspannungsfreien Probe (Bild 29b).
Nachdem der gesamte Querschnitt plastisch geworden ist (Punkt B), ist kein
Unterschied mehr zwischen den Spannungs-Dehnungs-Kurven von eigenspannungsfreien und eigenspannungsbehafteten Proben festzustellen.   Wird nun die
Probe nach Erreichen des Punktes C entlastet, bleiben im Kern und Mantel

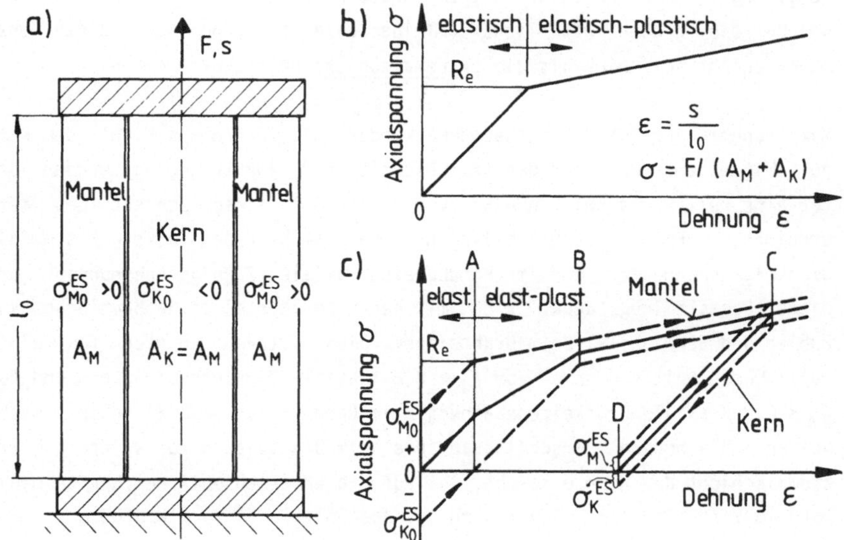

Bild 29. Ein gedankliches Modell zur Erläuterung der Wechselwirkung zwischen Eigenspannungen und Lastspannungen.

stark reduzierte Eigenspannungen zurück (Punkt D). Der Mantel gleicht durch ein früher einsetzendes Fließen den durch die unterschiedlich stark plastifizierten Bereiche entstandenen Längenunterschied aus, womit die Eigenspannungen abgeschwächt werden. Bemerkenswert ist, daß zum Abbau der Eigenspannungen bereits sehr geringe Formänderungen genügen, wie sie z. B. beim Auswerfen eines Fließpreßteiles vorkommen.

Ferner muß betont werden, daß die Charakteristik einer inhomogenen Verformung für große (ε_A > ca. 0,5 %) und kleine (ε_A < ca. 0,5 %) Flächenabnahmen grundsätzlich verschieden ist. Bei extrem kleinen Flächenabnahmen werden lediglich die Oberflächenschichten während des "Fließpressens" plastisch. Aufgrund der Volumenkonstanz bei plastischen Formänderungen hat die bleibende Durchmesserverminderung eine bleibende axiale Verlangerung dieser Oberflächenschichten zur Folge. Nach der Umformung weist daher der Randbereich des Werkstückes eine großere bleibende "axiale Länge" auf, als der während der Umformung elastisch gebliebene Kern. Der Stoffzusammenhalt wird durch elastische Dehnungen gewährleistet, so daß der Randbereich des Fließpreßschaftes unter axialen Druckeigenspannungen und der Kern unter axialen Zugeigenspannungen stehen wird. Wegen der Inhomogenität der Verformung, ergibt sich aber eine ausgezeichnete Werkstückschicht im Randbereich, welche die größte natürliche (bleibende) axiale Länge hat. Diese Werkstückschicht soll hier als die <u>Extremalschicht</u> bezeichnet werden.

Mit zunehmender Querschnittsabnahme wandert die "Extremalschicht" dem Kern zu. Mit eigenen Berechnungen (s. Abschnitt 5.3) konnte gezeigt werden, daß für eine rel. Querschnittsabnahme von etwa 0,5 % diese Schicht den Kern erreicht. Für ε_A > 0,5 % liegen deshalb im Kern des Werkstückes axiale Druckeigenspannungen, und im Randbereich axiale Zugeigenspannungen vor. Diese Feststellung deckt sich mit den experimentellen Beobachtungen von Bühler und Schulz [19] beim Drahtziehen. Diese Autoren konnten für eine rel. Querschnittsabnahme von ε_A > 0,8 % axiale Zugeigenspannungen und für ε_A < 0,8 % axiale Druckeigenspannungen im Randbereich des Ziehgutes nachweisen. Die höhere Querschnittsabnahme beim Drahtziehen für welche die Extremalschicht den Kern erreicht, ist auf die unterschiedliche Krafteinleitung im Vergleich zum Fließpressen (s. Abschnitt 5.5) zurückzuführen.

Somit ist der resultierende Eigenspannungszustand in einem ausgestoßenen Fließpreßteil das Ergebnis des Zusammenwirkens der beiden unterschiedlichen Verformungscharakteristiken: des Preßvorganges mit einer großen Querschnittsabnahme und des Ausstoßvorganges mit einer kleinen Querschnittsabnahme.

5.2.3 Parametervariationen

In diesem Abschnitt wird für das Voll-Vorwärts-Fließpressen der Einfluß unterschiedlicher Verfahrensparameter auf die Eigenspannungsverteilung im Werkstück behandelt. Bild 30 zeigt eine Zusammenstellung der Parameter, die beim Voll-Vorwärts-Fließpressen die Eigenspannungen I. Art beeinflussen können. Von den werkzeuggebundenen Parametern werden in diesem Abschnitt der Umformgrad φ, der Schulteröffnungswinkel 2α und die Steifigkeit der Fließpreßmatrize, dargestellt durch die Rückfederung Δr am Fließbund, untersucht. Auf die Analyse der Auswirkungen von Ein- und Auslaufradien sowie der Fließbundgeometrie auf die Eigenspannungen wurde verzichtet, da sie von untergeordneter Bedeutung sind.

Aus der Gruppe der Verfahrensparameter, die dem Werkstück zugeordnet sind,
wurde lediglich die Fließkurve variiert.   Der Einfluß der geometrischen
Anisotropie wurde ignoriert, zumal die beim Fließpressen verwendeten Werkstücke eine sehr geringe Anisotropie aufweisen. Weiterhin mußte auch der
Einfluß der gewiß bedeutenden Verfestigungsanisotropie mangels geeigneter
Stoffgesetze vernachlässigt werden. Von den Randbedingungen ist die Reibzahl μ untersucht worden. Die verschiedenen Phänomene der Wärmeentwicklung
und -übertragung konnten außer acht gelassen werden, da die Wärmeentwicklung in der Kaltmassivumformung nicht groß genug ist, um eine temperaturbe-
dingte Plastifizierung im Werkstück hervorzurufen.

In Tabelle 1 ist der numerische "Versuchsplan" dargestellt. Als Werkstoffdaten wurden die des Fließpreßstahles Ck 15 (mit Ausnahme der Daten für die
Fließkurvenvariationen) zugrundegelegt (s. Bild 12, Kapitel 4).   Um eine
Netzneugenerierung zu vermeiden, wurden als maximaler Umformgrad φ = 0,7
und maximaler Schulteröffnungswinkel 2α = 90° untersucht. Für die Verfahrensparameter Umformgrad, Schulteröffnungswinkel, Verfestigungsexponent
und Reibzahl wurden alle Variationen auf den "reinen" Fließpreßvorgang bezogen, d. h. es wurde kein Ausstoßvorgang überlagert. Dies war erforderlich, um die Auswirkungen einzelnen Verfahrensparameter zu separieren.

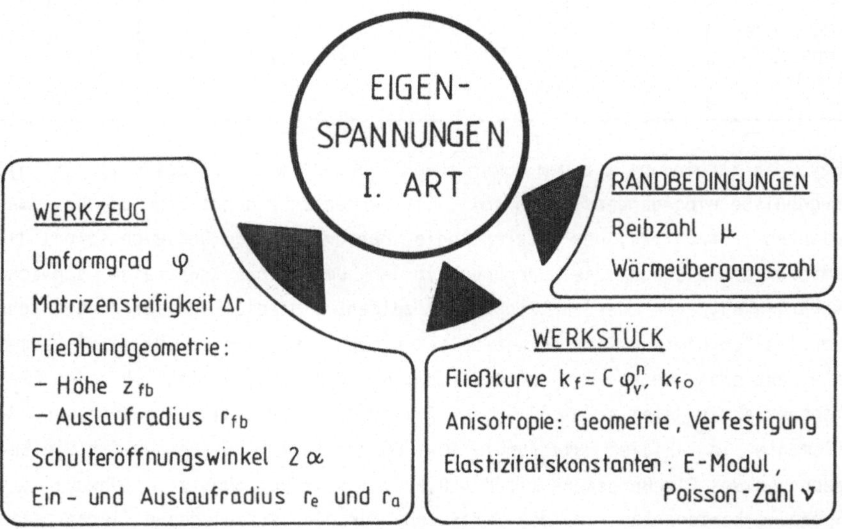

Bild 30. Einflußgroßen auf die Eigenspannungen beim Voll-Vorwärts-Fließ-
          pressen.

Tabelle 1: Numerischer Versuchsplan beim Voll-Vorwärts-Fließpressen

Konstanten / Variablen	Umformgrad φ	Schulteröffnungswinkel 2α	Verfestigungsexponent n	Reibzahl μ	Rückfederung Δr in mm
Umformgrad φ	0,3 0,5 0,7	60°	0,24	0,06	0
Schulteroffnungswinkel 2α	0,5	30° 60° 90°	0,24	0,06	0
Verfestigungsexponent n	0,7	60°	0,04 0,14 0,24 0,34	0,06	0
Reibzahl μ	0,7	60°	0,24	0 0,06 0,12	0
Rückfederung Δr in mm	0,5	90°	0,24	0,06	0,001 0,010 0,100

Bevor in Verbindung mit dem numerischen "Versuchsplan" (Tabelle 1) auf die Ergebnisse eingegangen werden soll, ist der entscheidende Einfluß des numerischen Parameters, der Netztopologie, hervorzuheben. Obgleich sowohl die Umformkraft als auch die Spannungen in der Umformzone nur eine schwache Abhängigkeit von der Netztopologie zeigen, sind die Eigenspannungen sehr empfindlich hinsichtlich der gewählten Elementeinteilung. Bild 31 zeigt ein extremes Beispiel hierfür. Es wurden drei unterschiedlich feine Elementnetze mit jeweils 7 x 37 (d. h. 7 Elemente in radialer Richtung und 37 Elemente in axialer Richtung), 10 x 60 und 14 x 60 Elementen für die Berechnung des Fließpressens mit φ = 0,5 und 2α = 90° benutzt. Obwohl die Spannungskomponenten in der Umformzone für die verschiedenen Elementnetze keine großen Unterschiede aufwiesen (der maximale Unterschied war etwa 10 %), sind erhebliche Unterschiede in den axialen Eigenspannungen über einen

Querschnitt im stationären Bereich des Fließpreßschaftes festzustellen. Eine weitere Verfeinerung des Elementnetzes über die 14 x 60-Verteilung hinaus brachte keine wesentlichen Änderungen, so daß die Eigenspannungsverteilung für diese Netztopologie als die konvergente Lösung betrachtet werden kann. Hinsichtlich der geeigneten Netztopologie ist zu vermerken, daß sie abhängig vom Umformgrad, vom Schulteröffnungswinkel und von der Reibzahl ist. Je größer die Inhomogenität der Verformung (d. h. je größer der Umformgrad und/oder der Schulteröffnungswinkel und/oder die Reibzahl sind) desto feiner muß die Elementeinteilung vorgenommen werden.

Einfluß des Umformgrades

Zur Untersuchung des Einflusses des Umformgrades wurde ein konstanter Durchmesser des Werkstückschafts von d_1 = 15 mm zugrundegelegt. Somit ergaben sich als Rohteildurchmesser d_0 = 21,30 mm für φ = 0,7, d_0 = 19,30 mm für φ = 0,5 und d_0 = 17,5 mm für φ = 0,3. Bei allen drei Berechnungen wurden als Schulteröffnungswinkel 2α = 60° , als Reibzahl μ = 0,06 und als Ein- und Auslaufradien jeweils r_e = 3,5 mm und r_a = 3,0 mm benutzt. Die

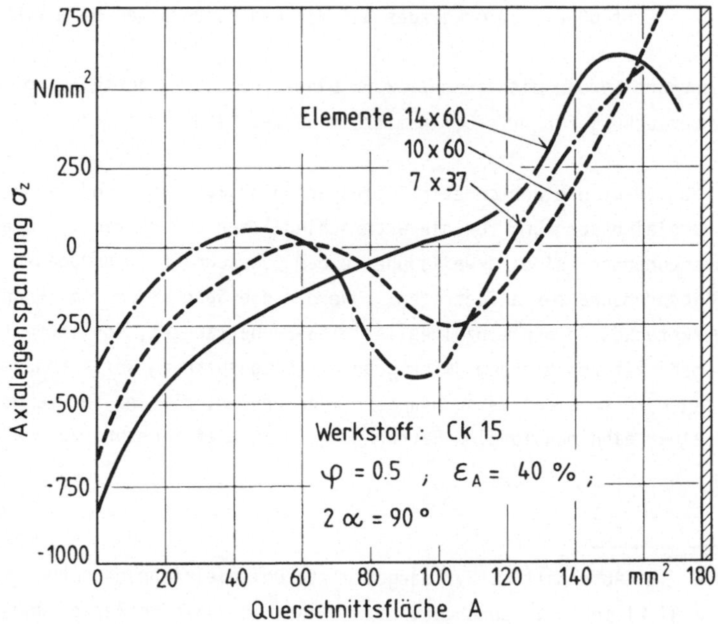

Bild 31. Einfluß der Netzfeinheit auf die berechneten Eigenspannungen.

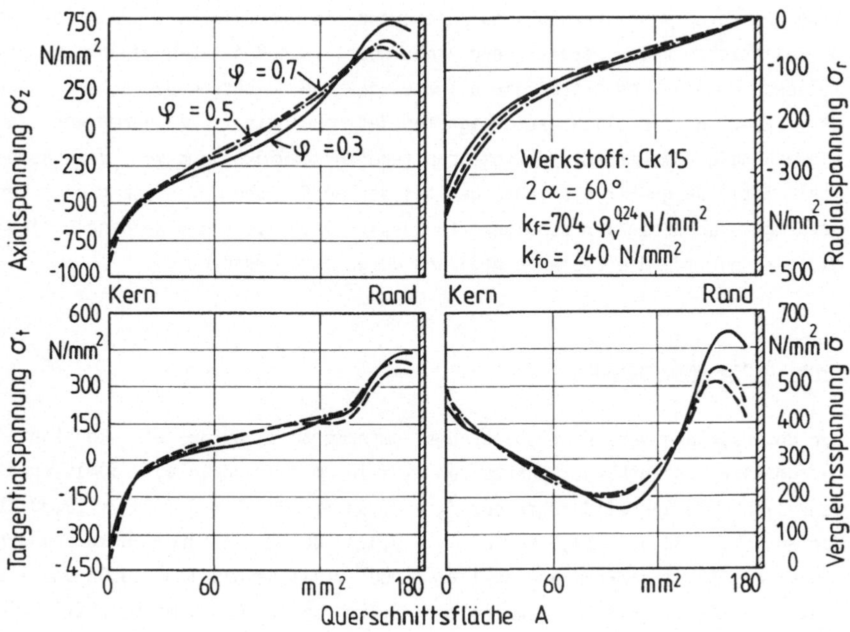

Bild 32. Einfluß des Umformgrades auf die Eigenspannungen beim VVFP.

Berechnungen wurden mit einem 11 x 55 Elementnetz, das durch eine Konvergenzuntersuchung für $\varphi = 0,7$ ermittelt wurde, *) durchgeführt.

Bild 32 zeigt die berechneten Eigenspannungskomponenten und die v. Misessche Vergleichsspannung für die unterschiedlichen Umformgrade. Die Spannungskomponenten sind jeweils über einem Querschnitt im homogenen Bereich des Fließpreßschaftes aufgetragen. Werden die Spannungen im Randbereich des Werkstückes in den einzelnen Teilbildern betrachtet, so ist festzustellen, daß mit zunehmendem Umformgrad die Eigenspannungswerte abnehmen. Im nachfolgenden soll der Versuch unternommen werden, diesen Sachverhalt mit Hilfe einer eindimensionalen Betrachtung in axialer Richtung zu erklären:

---

*) Die im Abschnitt 5.2.2 dargestellte Beispielrechnung wurde mit einem 7 x 37 Elementnetz durchgeführt, so daß die Spannungswerte geringfügig von den in diesem Abschnitt berechneten Spannungen abweichen.

Zur Reduzierung des dreidimensionalen Problems auf ein eindimensionales soll die Annahme getroffen werden, daß die Fließspannung k_f der Streckgrenze für den Entlastungsvorgang in axialer Richtung entspricht. In Bild 33 ist eine typische Fließkurve $k_f(\varphi_v)$ für einen verfestigenden Werkstoff mit der Hookeschen Gerade dargestellt. Der Kernbereich eines Fließpreßteiles kann nun durch den Punkt A und der Randbereich durch den Punkt B auf dieser Fließkurve repräsentiert werden. Da der Kern beim Fließpressen homogen umgeformt wird, ist der Vergleichsumformgrad φ_v gleich dem geometrischen Umformgrad φ und entspricht der axialen Formänderung φ_z^K des Kernes. Für den Randbereich hingegen ist wegen der inhomogenen Verformung der Vergleichsumformgrad größer als die axiale Formänderung φ_z^R . Bezieht man nun die Fließspannung auf die axialen Formänderungen, so geht deshalb der Punkt B in den Punkt C uber. Daß die axiale Formänderung des Randbereichs kleiner sein muß als die des Kernes, kann aus der bekannten Tatsache abgeleitet werden, daß der Kern - bezogen auf die axiale Ausdehnung der Umformzone beim Fließpressen (s. Bild 25) - früher entlastet wird als der Randbereich. Zu Beginn der Entlastung im Randbereich (Punkt C) befindet sich aus dem o. a. Grund der Kern bereits im Punkt D, d. h. er wurde um die elastische Deh-

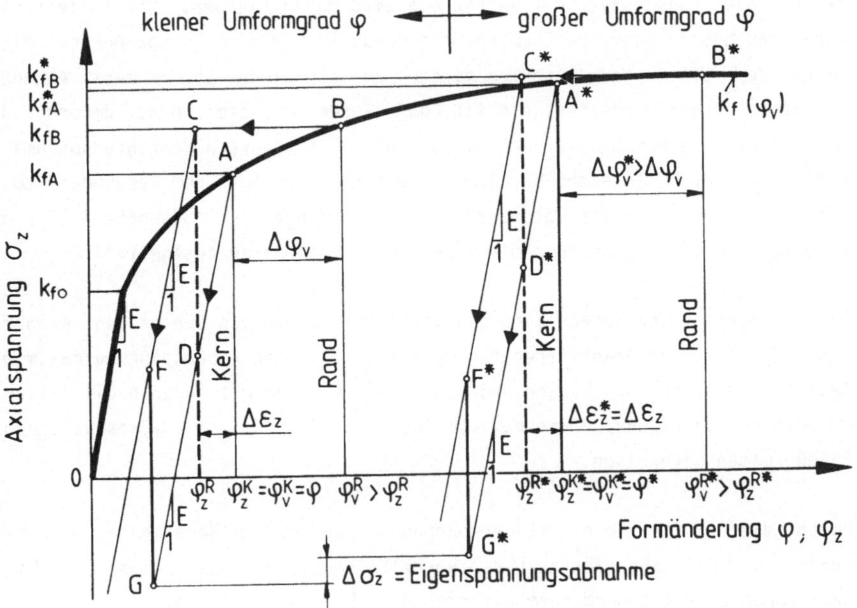

Bild 33. Ein gedankliches Modell zur Interpretation des Umformgradeinflußes auf die Eigenspannungen.

nung $\Delta \varepsilon_z$ entlastet. Nun werden der Randbereich und der Kern gemeinsam entlastet, bis die axiale Spannung im Randbereich den Punkt F, und die im Kern den Punkt G erreicht, sodaß das axiale Gleichgewicht über den Probenquerschnitt gewährleistet ist. Die Spannungen in den Punkten F und G entsprechen den Eigenspannungen.

Eine ähnliche Überlegung kann auch für einen hoheren geometrischen Umformgrad durchgeführt werden. Hierfür sind in Bild 33 die entsprechenden Punkte mit A* und B* gekennzeichnet. Es stellen sich geringere Eigenspannungen ein als beim kleineren Umformgrad, obwohl die Verformungsinhomogenität $\Delta \varphi_v$ zwischen dem Kern und Randbereich der Probe größer ist fur den höheren Umformgrad. Dies ist auf die abnehmende Steigung der Fließkurve mit zunehmenden Umformgrad zurückzuführen.

Ein qualitatives Maß für die Verformungsinhomogenität $\Delta \varphi_v$ ist die Verwölbung eines ebenen Querschnittes während der Umformung. Bild 34 zeigt die verwölbten Querschnitte nach der Umformung in Abhängigkeit vom Umformgrad φ . Es ist deutlich zu erkennen: Je größer der Umformgrad, desto größer ist die Verwölbung eines ebenen Querschnittes und somit auch $\Delta \varphi_v$. Demgegenuber wird jedoch die Fließkurve mit wachsendem Umformgrad flacher. Somit liegt es nahe, daß bis zu einem bestimmten Umformgrad φ die Eigenspannungen mit wachsendem Umformgrad zunehmen mussen, um dann wieder abzunehmen. Anhand von Berechnungen wurde festgestellt, daß dieser ausgezeichnete Umformgrad bei einer Flächenabnahme von ca. 20 % bis 30 % (je nach Verfahrensparameter) liegt, d. h. in einem Bereich des Umformgrades, der dem Verjüngen zugeordnet wird. In der Tat wurde für das Verjüngen (s. Abschnitt 5.3) ein Zunehmen der Eigenspannungen mit zunehmendem Umformgrad festgestellt.

Diese Beobachtungen decken sich qualitativ mit denen von Bühler und Kreher [14, 15], die beim Drahtziehen für ε_A = 10 - 20 % ein Eigenspannungsmaximum feststellen konnten. Modlen und Stark [16] konnten mit ihrer qualitativen Meßmethode ein Eigenspannungsmaximum fur ε_A = 40 % beim hydrostatischen Fließpressen nachweisen.

Durch die Existenz eines "Eigenspannungsextremums" im Bereich des Umformgrades $\varphi \approx 0{,}3$ läßt sich auch die verhältnismäßig geringe Abnahme der Eigenspannungen mit zunehmendem Umformgrad in Bild 32 erklären.

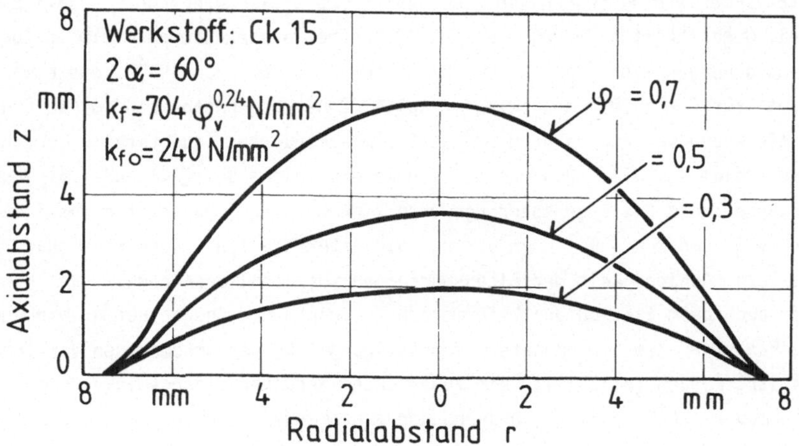

Bild 34. Verwölbung ebener Querschnitte in Abhängigkeit des Umformgrades
beim VVFP.

Zusammenfassend kann somit festgehalten werden, daß im Gegensatz zum Verjüngen für das Fließpressen die Eigenspannungen mit zunehmender Flächenabnahme (bei sonst gleichen Verhältnissen) monoton abnehmen müssen. Dies
wurde auch experimentell bestätigt (s. Kapitel 6).

Einfluß des Schulteroffnungswinkels

Die Variation des Schulteroffnungswinkels 2α wurde an einem Fließpreßteil
mit dem Umformgrad $\varphi = 0,5$ (s. Tabelle 1) vorgenommen. Aufgrund einer
Konvergenzuntersuchung wurden die Berechnungen für die Schulteröffnungswinkel $2\alpha = 30°$ und $2\alpha = 60°$ mit 11 x 55 Elementen und fur $2\alpha = 90°$ mit 14
x 60 Elementen durchgeführt. Bild 35 zeigt die Verteilung der axialen Eigenspannungen über einem Querschnitt im stationären Bereich der Fließpreß-
schafte in Abhängigkeit vom Schulteröffnungswinkel.

Es ist zu erkennen, daß sich fur den kleinsten Schulteroffnungswinkel $2\alpha =
30°$ die niedrigsten Eigenspannungswerte ergeben. Für $2\alpha = 60°$ hingegen
liegen die Eigenspannungen im Inneren der Probe hoher als die für $2\alpha = 90°$.
Im Randbereich sind die Spannungswerte etwa gleich für beide Schulteröffnungswinkel.

Nahezu gleiche Ergebnisse werden auch von Modlen und Stark [16] beim hydrostatischen Strangpressen von Flußstahl (0,25 % C) angegeben. Bei einer rel. Querschnittsänderung von etwa 44 % geben diese Autoren maximale Zugeigenspannungen von ca. 500 N/mm^2 für $2\alpha = 60°$ und $90°$, und etwa 400 N/mm^2 für $2\alpha = 30°$ an. Wie in Kapitel 2 hervorgehoben, sind diese Ergebnisse wegen des angewandten Querschlitzmeßverfahrens quantitativ ungenau. Auch die in Bild 2 dargestellten Meßergebnisse aus [24] und [28] lassen erkennen, daß die Eigenspannungswerte sich für die Schulteröffnungswinkel $2\alpha = 60°$ und $2\alpha = 90°$ nur geringfügig unterscheiden. Diese scheinbar regellose Abhängigkeit der Eigenspannungen vom Schulteröffnungswinkel kann - wie auch beim Einfluß des Umformgrades - durch die gegenläufig wirkenden Mechanismen der inhomogenen Verfestigung und der inhomogenen Verformung erklärt werden (Bild 33): mit zunehmendem Schulteröffnungswinkel nimmt die inhomogene Verformung $\Delta\varphi_v$ aufgrund der zunehmenden Scherung zu. Weiterhin nimmt aber auch die Verfestigung zu, so daß sich die Fließspannung in einen Bereich der Fließkurve verschiebt, der eine geringere Steigung hat, d. h. Δk_f (s. Bild 33) nimmt ab.

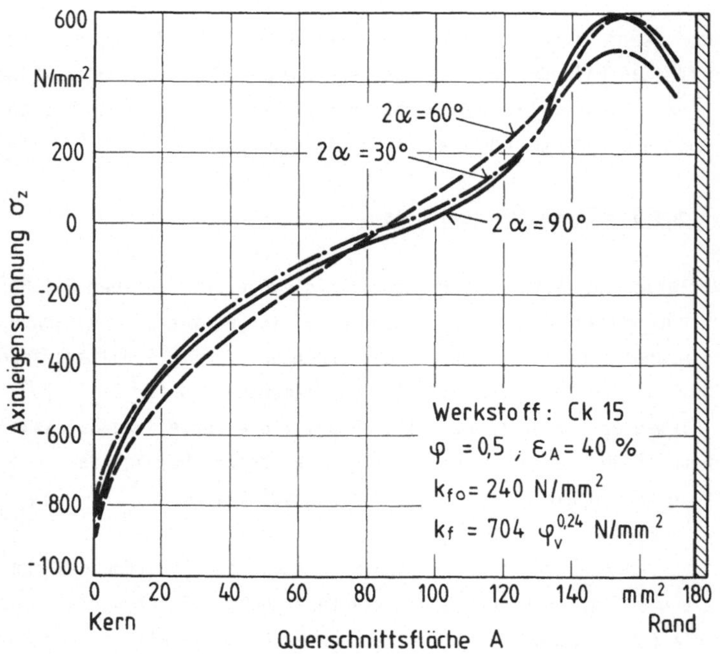

Bild 35. Einfluß des Schulteröffnungswinkels auf die Eigenspannungen beim VVFP.

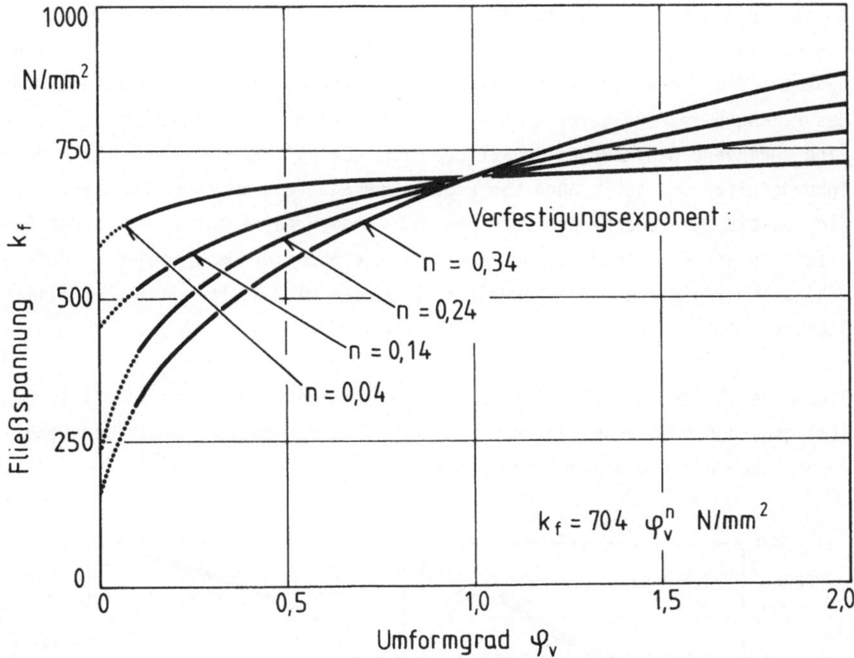

Bild 36. Fließkurven für unterschiedliche Verfestigungsexponenten.

Einfluß der Fließkurve

Der Einfluß der Fließkurve auf die Eigenspannungen wurde anhand einer Änderung des Verfestigungsexponenten n untersucht. In Bild 36 sind die angenommenen Fließkurven dargestellt. Bei n = 0,24 handelt es sich um einen typischen Fließpreßstahl (Ck 15). Es ist aus dem Bild zu entnehmen, daß eine Erhöhung des n-Wertes - für eine konstante Fließspannung bei φ_v = 1,0 - mit einer Abnahme der Anfangsfließspannung k_{fo} verbunden ist.

In Bild 37 sind die für unterschiedliche n-Werte berechneten Eigenspannungsverläufe dargestellt. Mit zunehmendem Verfestigungsexponenten nehmen auch die Eigenspannungsbeträge zu. Dieser Sachverhalt kann durch das Zunehmen der Inhomogenität der Verformung mit zunehmendem n-Wert wie folgt erklärt werden:

Das Fließpreßteil weist im Kern mit $\varphi_v \approx \varphi$ = 0,7 die niedrigste Vergleichsformänderung und im Randbereich mit $\varphi_v \approx 1,2$ die höchste Vergleichsformänderung auf. Betrachtet man die in Bild 36 angegebenen Fließkurven, so ist festzustellen, daß fur $\varphi_v = 0,7$ die höheren Fließspannungen den niedrigeren n-Werten und für $\varphi_v = 1,2$ den höheren n-Werten zugeordnet sind. Dies bedeutet für die Werkstoffe mit höheren n-Werten eine größere Behinderung des Fließens im Schulterbereich - aufgrund der höheren Fließspannung - und eine geringere Behinderung im Kernbereich. Deshalb nehmen die Verformungsinhomogenität und somit auch die Eigenspannungen mit zunehmendem n-Wert zu. Ein Beweis der Zunahme der Verformungsinhomogenität ergab sich aus der Betrachtung der Verwölbung ebener Querschnitte nach der Umformung für unterschiedliche n-Werte. Die Verwölbungen wurden mit zunehmendem n-Wert immer stärker.

Anhand des Bildes 37 läßt sich auch der experimentelle Befund in [14] bestätigen, daß beim Drahtziehen mit zunehmendem Kohlenstoffgehalt der Stahldrähte auch die Eigenspannungen zunehmen.

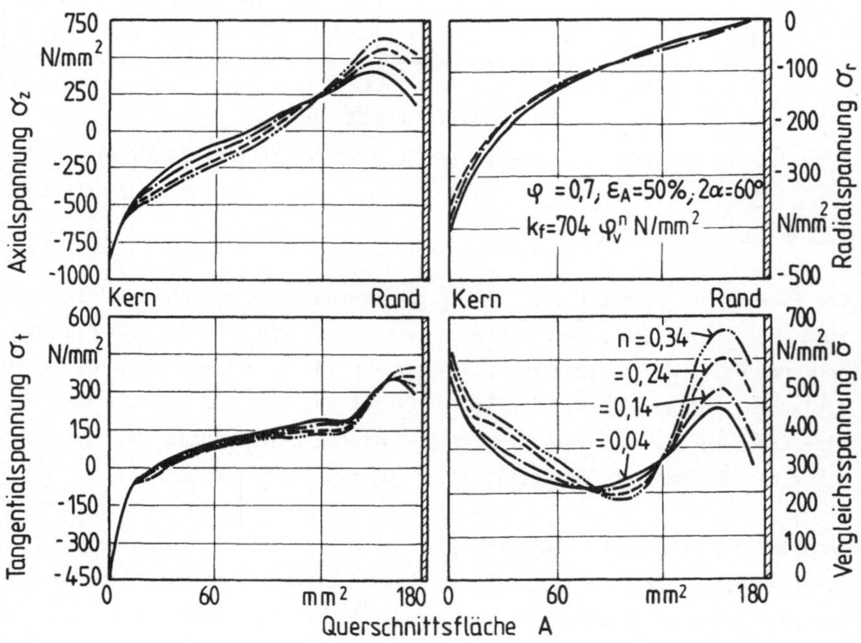

Bild 37. Einfluß des Verfestigungsexponents auf die Eigenspannungen beim VVFP.

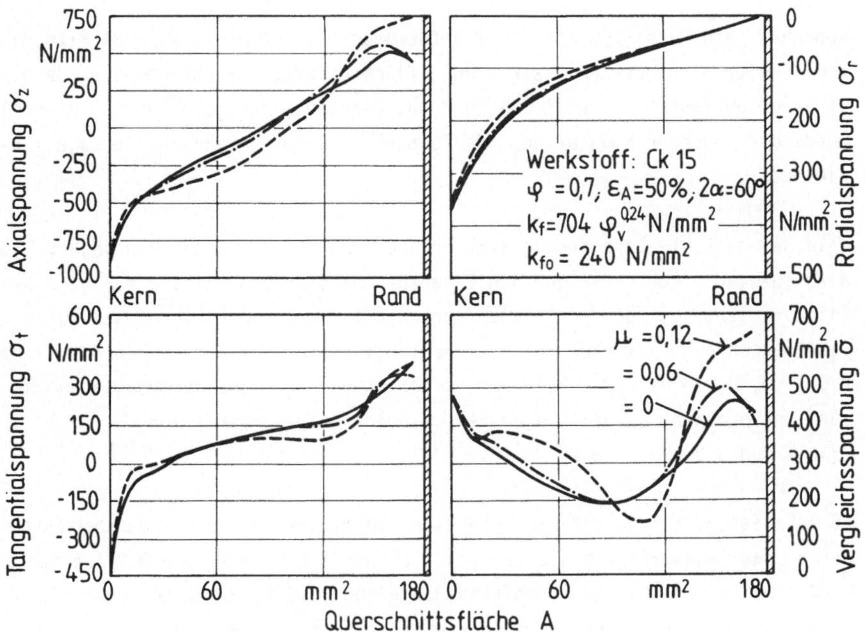

Bild 38. Einfluß der Reibzahl auf die Eigenspannungen beim VVFP.

Einfluß der Reibung

Die Reibungsverhältnisse während des Fließpressens wurden durch die Einführung unterschiedlicher Coulombscher Reibzahlen verändert. Für einen Umformgrad von φ = 0,7 und Schulteröffnungswinkel 2α = 60° wurden hierbei die Reibzahlen μ = 0, 0,06 und 0,12 mit 11 x 55 Elementen untersucht.

In Bild 38 sind die entsprechenden Eigenspannungskomponenten für die unterschiedlichen Reibungsverhältnisse dargestellt. Wie zu erwarten, ergeben sich die geringsten Eigenspannungswerte für das reibungsfreie Fließpressen. Bei der Betrachtung der verwölbten Querschnitte bei unterschiedlichen Reibzahlen konnte eine geringe Zunahme der Verformungsinhomogenität mit wachsender Reibzahl festgestellt werden, was wiederum entsprechend den genannten Überlegungen zu höheren Eigenspannungen führt.

Einfluß der Steifigkeit der Fließpreßmatrize

Der Einfluß der Steifigkeit der Fließpreßmatrize wurde anhand einer Variation der elastischen Rückfederung Δr am Fließbund untersucht. Hierzu wurde zunächst ein Werkstück mit einem Umformgrad $\varphi = 0,5$ durch eine Matrize mit dem Schulteröffnungswinkel $2\alpha = 90°$ fließgepreßt. Anschließend wurde die Struktur entlastet (s. Bild 24), und das Werkstück ausgeworfen.   Hierbei wurde der Innendurchmesser des Fließbundes um unterschiedliche Betrage verkleinert.

Bild 39 zeigt die berechneten axialen und tangentialen Eigenspannungen. Die durchgezogenen Kurven zeigen den Eigenspannungsverlauf unmittelbar nach dem Fließpressen, und die restlichen Kurven entsprechen den Eigenspannungsverläufen nach dem Auswerfen durch einen Fließbund, dessen Innenradius um 0,001 mm, 0,010 mm bzw. 0,100 mm reduziert wurde. Diese Durchmesserabnahmen entsprechen jeweils einer rel. Querschnittsabnahme von $\varepsilon_A = 0,03$ %, 0,30 % und 3,00 %.

Es ist festzustellen, daß die stärkste Verminderung der Eigenspannungen durch das Auswerfen bei einer rel. Querschnittsabnahme von 0,3 % erfolgt wird. Bei einer rel. Querschnittsabnahme von 0,03 %, d. h. bei einer ausgesprochen steifen Matrize, sind die Änderungen der Spannungswerte im Vergleich zu denen unmittelbar nach dem Fließpressen sehr gering. Demgegenüber ergeben sich für eine weiche Matrize, simuliert durch die große Flächenabnahme von 3 %, sogar z. T. höhere Eigenspannungswerte als ursprünglich vor dem Auswerfen. Offenbar existiert ein enger Bereich von Matrizenrückfederungen, für welche die größte Spannungsminderung während des Auswerfens erreicht werden kann.   Dies ist durchaus im Einklang mit der Tatsache des "Wanderns" der Extremalschicht in Abhängigkeit von der Querschnittsabnahme (s. Abschnitte 5.2.2 und 5.3). Für sehr kleine Flächenabnahmen liegt die um den größten Betrag plastisch gestreckte Schicht im Randbereich, so daß überwiegend in dieser Zone die inhomogenen axialen Formänderungen ausgeglichen werden.   Für größere Umformgrade ($\varepsilon_A = 3$ %) werden bis zum Kern der Probe die ursprünglich während des Fließpressens entstandenen Inhomogenitäten ausgeglichen und zusätzlich ein der Flächenabnahme $\varepsilon_A = 3$ % entsprechender Verlauf der Inhomogenität erzeugt.   Je nach Ausmaß dieser neuen Verformungsinhomogenität können somit die Eigenspannungen nach dem Auswerfen auch höher liegen als diejenigen nach dem Fließpressen. Diese theoretischen Ergebnisse werden durch experimentelle Untersuchungen in [19] und [22] bestätigt. Hier wurde nämlich festgestellt, daß im Fall des Drahtziehens beim Nachziehen mit einer rel. Querschnittsabnahme von $\varepsilon_A = 0,4$ % die stärkste Eigenspannungsverminderung erzielt werden kann.

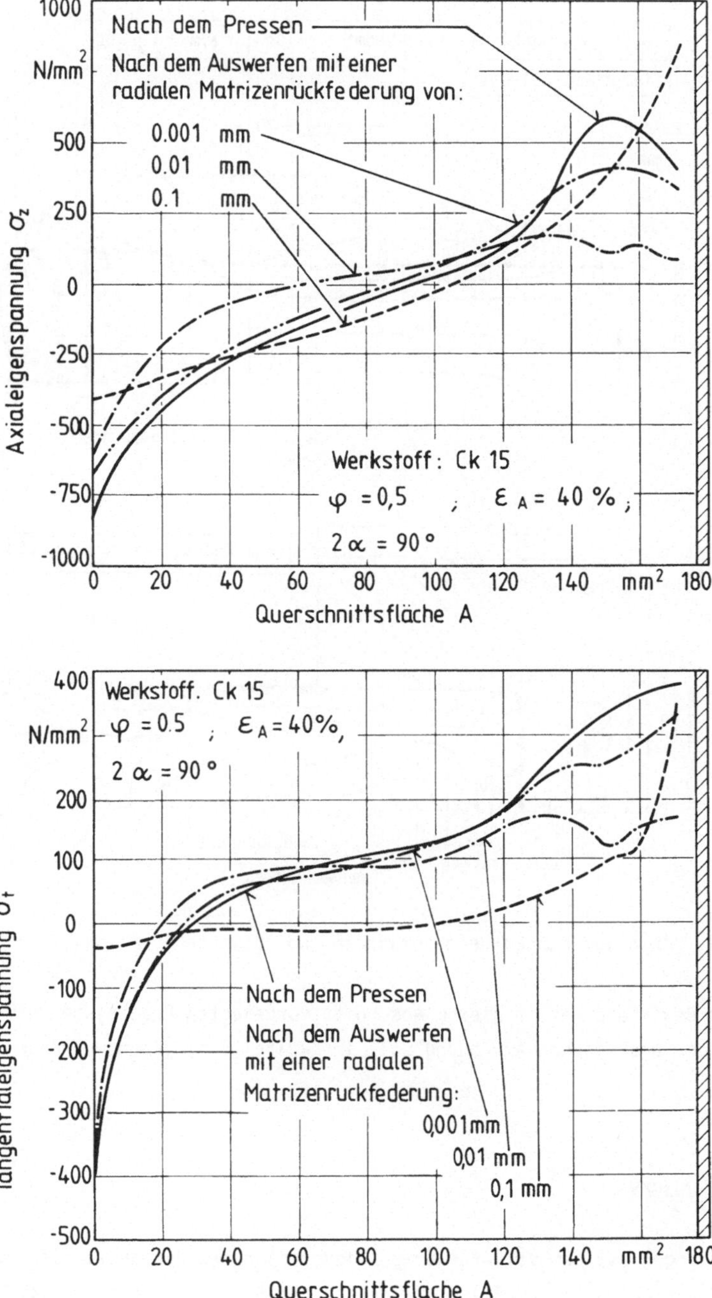

Bild 39. Einfluß der Matrizensteifigkeit auf die Eigenspannungen in ausgeworfenen VVFP-Teilen.

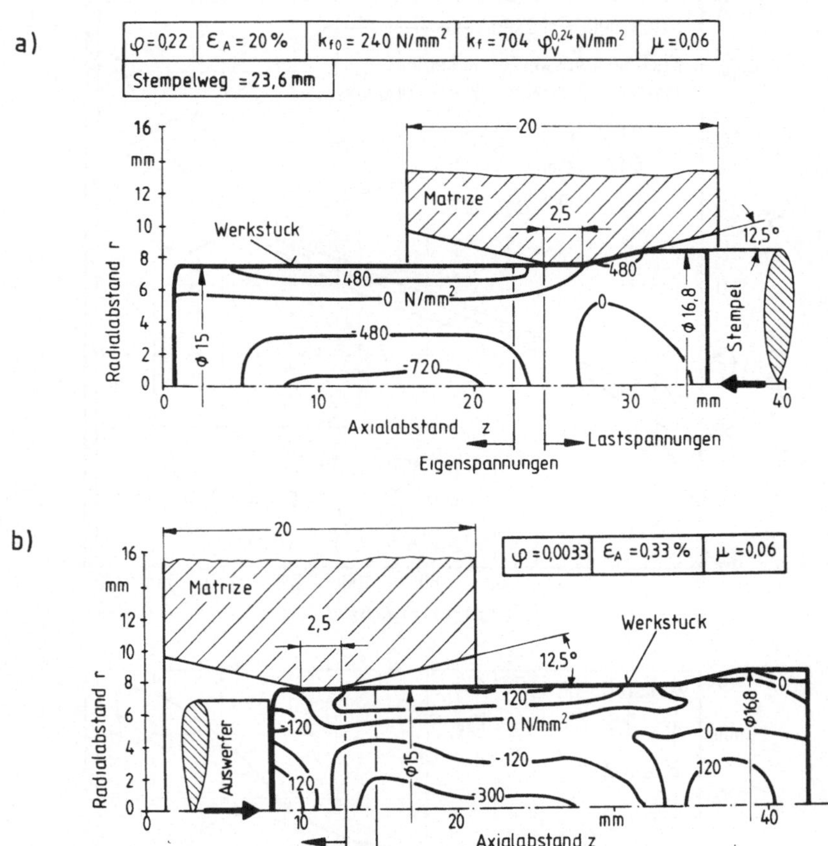

Bild 40. Axialspannungen beim Verjüngen und Auswerfen.

Auf die Bewertung der in diesem Abschnitt vorgelegten Ergebnisse hinsichtlich einer praktischen Anwendung soll im Kapitel 7 eingegangen werden.

5.3 VERJÜNGEN

Das Verjüngen ist dem Voll-Vorwärts-Fließpressen eng verwandt. Der wesentliche Unterschied zum VVFP ist das Fehlen der Abstützung des Werkstückes im Druckraum, woraus abgeleitet werden kann, daß die Querschnittsabnahmen so gering sein müssen, daß keine Plastifizierung des Werkstückkopfes während der Umformung erfolgt. In [85] wird als Grenze zwischen dem VVFP und Verjüngen eine Querschnittsabnahme von 20 % bis 30 % angegeben. In Bild 40 [90] ist der vollständige Vorgang (Pressen und Auswerfen) skizziert. Für eine rel. Querschnittsverminderung von ε_A = 20 % ergeben sich, wie auch beim Fließpressen, hohe Zugeigenspannungen im Randbereich sowie Druckeigenspannungen im Kern der Probe unmittelbar nach dem Pressen (Bild 40a). Ein Vergleich mit den Eigenspannungswerten beim VVFP für ε_A = 30 % (Bild 32) zeigt, daß beim Verjüngen schwächere Eigenspannungen auftreten. Dies ist neben den geringeren Umformgrad auch auf den wesentlich kleineren Schulteröffnungswinkel von 2α = 25° zurückzuführen. Nach dem Auswerfen mit einer Flächenabnahme von ε_A = 0,33 % ist wiederum eine drastische Abnahme der Eigenspannungswerte zu erkennen (Bild 40b). Es scheint also eine vollkommene Analogie zwischen den Verfahren Verjüngen und Voll-Vorwärts-Fließpressen hinsichtlich der induzierten Eigenspannungen vorzuliegen. Diese Analogie gilt jedoch nicht hinsichtlich der Abhängigkeit der Eigenspannungen vom Umformgrad.

In Bild 41 sind die Eigenspannungen unmittelbar nach dem Pressen uber dem Querschnitt der Probe in Abhängigkeit von der Flächenabnahme dargestellt. Für die Berechnungen wurde aufgrund einer Konvergenzuntersuchung eine Netztopologie mit 9 x 45 Elementen zugrunde gelegt. Aus den Teilbildern ist die im Vergleich zum Fließpressen gegenläufige Abhängigkeit der Eigenspannungen vom Umformgrad festzustellen. Während beim Fließpressen - s. Bild 32 - die Eigenspannungen mit wachsendem Umformgrad abnahmen, nehmen sie beim Verjüngen zu. Dies bedeutet, daß in dem betrachteten Bereich für den Umformgrad der Zuwachs der Verformungsinhomogenität $\Delta\Psi_v$ nicht durch die Abnahme der Fließkurvensteigung kompensiert werden kann (s. Bild 33). Der "Sattigungsumformgrad", d. h. der Umformgrad, bei dem die Verformungsinhomogenität gerade noch von der Verfestigungsinhomogenität kompensiert wird, ist im allgemeinsten Fall abhängig vom Schulteröffnungswinkel, von der Reibzahl, von der Fließkurve des Werkstuckstoffes und vom Verfahren.

Neben dem Verjüngen mit relativ hoher Querschnittsabnahme, das in der Praxis der Umformtechnik vorherrscht, kann das Verjüngen mit extrem kleiner Querschnittsabnahme von theoretischem Interesse sein. Gerade im Hinblick auf den Ausstoßvorgang konnten aus dieser eigentlich "akademischen" Betrachtung Hinweise für die Optimierung der Zweiweg-Verfahren (hinsichtlich Eigenspannungen) gewonnen werden. In Bild 42 ist der Einfluß der Flächenabnahme auf die Eigenspannungen für $\varepsilon_A < 2\ \%$ dargestellt. Es ist darauf zu achten, daß zusammen mit der Flächenabnahme auch gleichzeitig der "Schulteröffnungswinkel" verringert wurde, um eine einigermaßen vergleichbare axiale Ausdehnung der Umformzone zu gewährleisten. Aus dem axialen Spannungsverlauf von $\varepsilon_A = 0,2\ \%$ ist zu entnehmen, daß im Kern Zugeigenspannungen vorliegen, im mittleren Bereich Druck- und im Randbereich wiederum Zugeigenspannungen. Dieser doppelte Vorzeichenwechsel deutet darauf hin, daß die "Extremalschicht" sich im mittleren Bereich, d. h. zwischen Kern und Rand des Probenquerschnittes befindet. Für $\varepsilon_A = 0,5\ \%$ lag diese Schicht offensichtlich im Kern. Hierdurch ist auch der sprunghafte Abfall der Eigenspannungswerte beim Übergang von $\varepsilon_A = 0,5\ \%$ auf $\varepsilon_A = 0,2\ \%$ zu erklären.

In diesem Zusammenhang ist auf eine Anomalie in den Verläufen der der Radialeigenspannungen aufmerksam zu machen. Obwohl für alle in dieser Arbeit untersuchten Umformverfahren die Radialeigenspannungen im Druckgebiet lagen, sind diese für die Querschnittsabnahmen kleiner als 1 % im Zuggebiet (s. Bild 42).

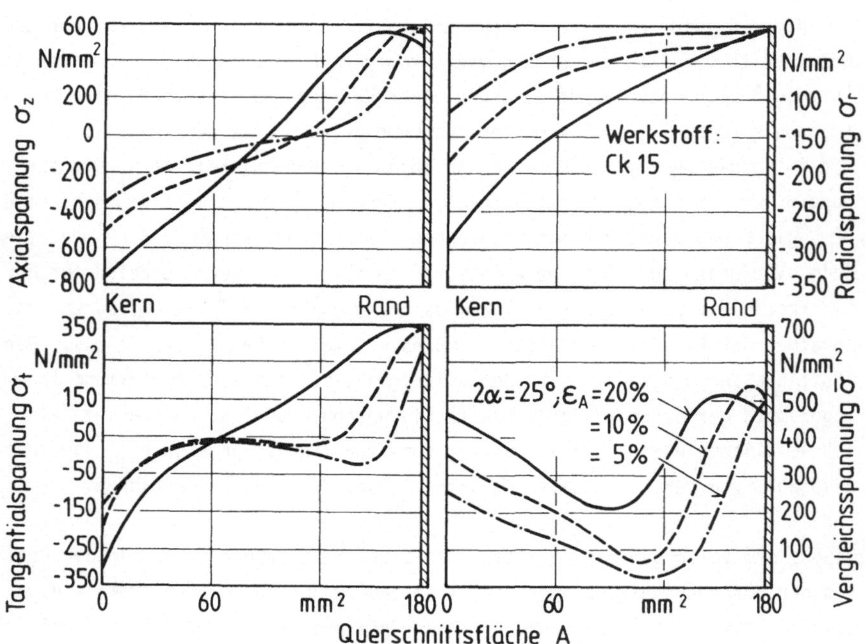

Bild 41. Einfluß des Umformgrades auf die Eigenspannungen beim Verjüngen (größere Umformgrade).

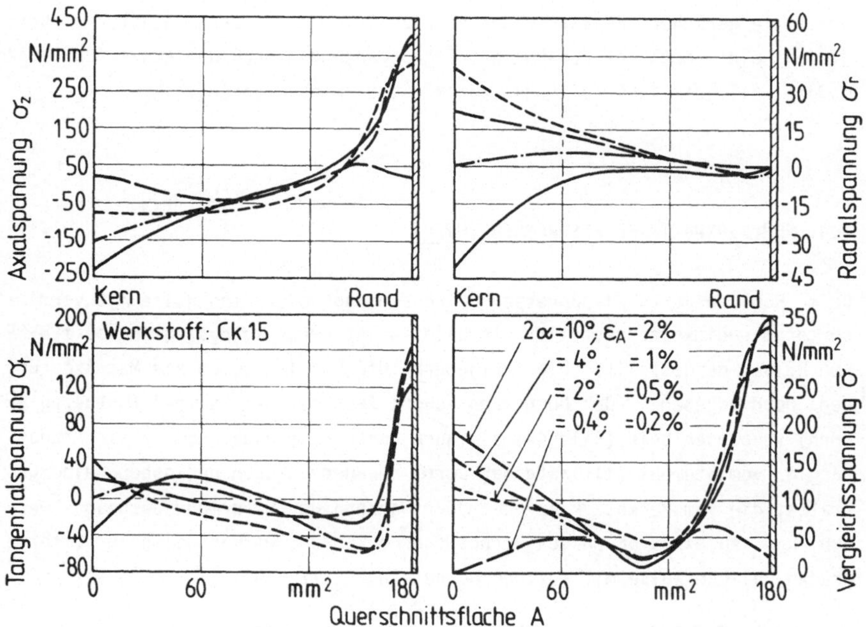

Bild 42. Einfluß des Umformgrades auf die Eigenspannungen beim Verjüngen (kleinere Umformgrade).

Abschließend zu den Berechnungen beim Verjüngen soll anhand von Bild 43 der Einfluß des Auswerfens in Abhängigkeit von der Matrizenrückfederung dargestellt werden. Unter Berücksichtigung der Innendruckbelastung der Matrize während des Verjüngens mit ε_A= 10 % wurde mit Hilfe des Boundary-Element-Rechenprogramms BETSY [89] die radiale, elastische Auffederung der Matrize (Höhe: 20 mm, Durchmesser: 160 mm) am Fließbund in Höhe von 0,0074 mm berechnet. Hierbei war im Gegensatz zu den Berechnungen mit dem Finite-Element Verfahren lediglich eine Idealisierung der Matrizenoberfläche erforderlich.

Zum Zwecke der Variation der Matrizenrückfederung wurden neben diesem Wert sowohl ein doppelter als auch halbierter theoretischer Rückfederungswert angenommen. Aus Bild 43 ist eine zunehmende Abflachung der Eigenspannungen mit zunehmender Matrizenrückfederung festzustellen.

Im Vergleich zum VVFP ist beim Verjüngen die Matrizenaufweitung - bedingt durch die geringere Belastung der Matrize - kleiner. Deshalb ist beim Verjüngen eine mögliche Zunahme der Eigenspannungen nach dem Auswerfen - wie es der Fall beim VVFP (Bild 39) war - nicht zu befürchten.

5.4 HOHL-VORWÄRTS-FLIESSPRESSEN (HVFP)

Beim Hohl-Vorwärts-Fließpressen wird ein Napf oder eine Hülse mit verminderter Wanddicke hergestellt. In Bild 44 ist der Ausgangszustand beim HVFP von Hülsen dargestellt. Die formgebende Öffnung ist durch die Matrize und den Dorn gegeben. Der Dorn kann sowohl fest mit dem Stempel (mitbewegter Dorn) verbunden sein (Bild 44) als auch durch Federn abgestützt sich unabhängig vom Stempel (mitlaufender Dorn) bewegen. Wegen der hohen Reibungskräfte, die vom Werkstück auf den Dorn während der Umformung ausgeübt werden und zu einem Bruch des Dornes führen können, werden bei hohen Umformgraden üblicherweise mitlaufende Dorne eingesetzt, [91].

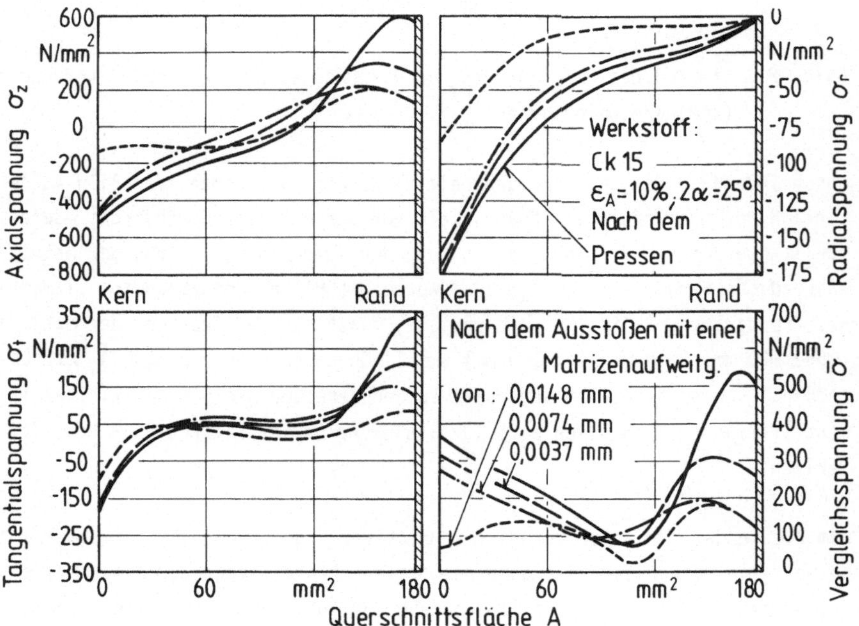

Bild 43. Einfluß der Matrizensteifigkeit auf die Eigenspannungen in ausgeworfenen, verjüngten Werkstücken.

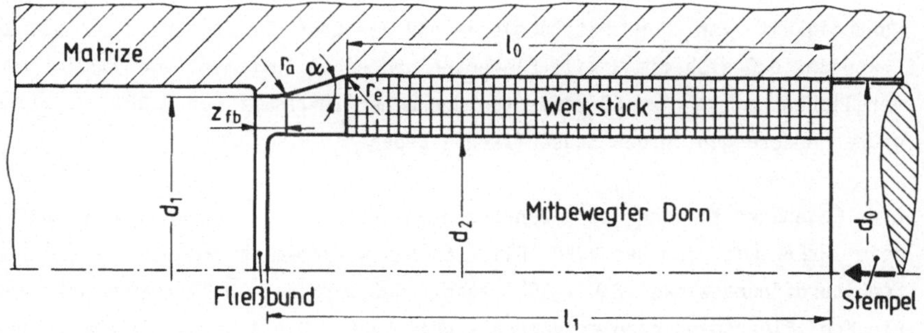

Werkstuck-Daten	Werkzeug-Daten	FEM-Daten
$E = 210.000$ N/mm^2; $\nu = 0,3$	$d_0 = 35,8$; $d_1 = 32$ mm; $d_2 = 25$ mm	225 isoparametrische
$l_0 = 45$ mm; $l_0/d_0 = 1,26$	$l_1 = 53$ mm; $r_a = 6$ mm; $r_e = 6$ mm	Vierknoten-Elemente
$k_{f0} = 240$ N/mm^2	$z_{fB} = 2,5$ mm; $2\alpha = 30°$	276 Knoten
$k_f = 704\ \varphi_v^{0,24}$ N/mm^2 (Ck15)	$\Longrightarrow \varphi = 0,5$; $\varepsilon_A = 39,3\%$	Iterationen : 3
$\mu = 0,06$ (konstant)		Inkremente/Element: 35

Bild 44. Daten und Idealisierung für den Ausgangszustand eines HVFP-Tei-
les.

In Bild 45 sind axiale und tangentiale Spannungen im Werkstück nach einem
Stempelweg von 36 mm dargestellt. Zum Zweck der Anschaulichkeit sind hier
nur wenige Linien konstanter Spannungen aufgetragen. Analog zu den Verfahren VVFP und Verjüngen wird auch beim HVFP deutlich, daß die Spannungen
unmittelbar hinter dem Fließbund konstante Werte - bei gleichem Radialabstand - annehmen. Dabei handelt es sich also wieder um den stationären
Eigenspannungsbereich, zumal unmittelbar hinter dem Fließbund die Kontakt-
spannung zwischen der Innenoberflache des Werkstückes und dem Dorn auf Null
absinkt, d. h. daß das Werkstück vom Dorn abhebt und somit die Hülse frei
von äußeren Kräften ist.

Bei den Berechnungen wurde ferner festgestellt, daß der Dorn zu Beginn des
Preßvorganges unter einer axialen Druckbelastung steht. Eine ähnliche Beobachtung wurde auch in [92] wahrend einer experimentellen Untersuchung
gemacht. Die Ursache für dieses verbluffende Phänomen ist, daß das Rohteil
zu Beginn des Anlaufvorganges geringfugig gestaucht wird und deshalb die
Innenfläche des Werkstückes eine geringere axiale Geschwindigkeit aufweist
als der Dorn.

- 98 -

Bild 46 zeigt die berechneten Eigenspannungen für das gleiche Problem in Abhängigkeit von der Netztopologie und der Lastschrittgröße. Es ist zu erkennen, daß sich mit 9 x 75 Elementen und einem Inkrement von 0,017 mm, verglichen mit 7 x 60 Elementen und einem Inkrement von 0,021 mm, keine großen Änderungen in den Ergebnissen ergeben.

Eine Gegenüberstellung des konvergenten axialen Eigenspannungsverlaufes beim HVFP mit dem des VVFP (Bild 35) bei gleichem Umformgrad φ = 0,5 und Schulteröffnungswinkel 2α = 30° zeigt, daß sich beim HVFP wesentlich geringere Eigenspannungen ergeben als beim VVFP. Dieses Ergebnis war zu erwarten, da der beim VVFP existierende homogen umgeformte Kern beim HVFP fehlt. Damit ist das durchschnittliche Verfestigungsniveau beim HVFP höher, und darüberhinaus die plastische Verformungsinhomogenität $\Delta\varphi_v$ niedriger als beim VVFP (vgl. Bild 33). Dies führt unmittelbar zu geringeren Eigenspannungen in einem HVFP-Teil.

Ein weiterer, gravierender Unterschied zwischen den beim HVFP und VVFP auftretenden Eigenspannungen ergibt sich aus den radialen Spannungskomponenten. Bei voll-vorwärts-fließgepreßten Teilen sind die radialen Eigenspan-

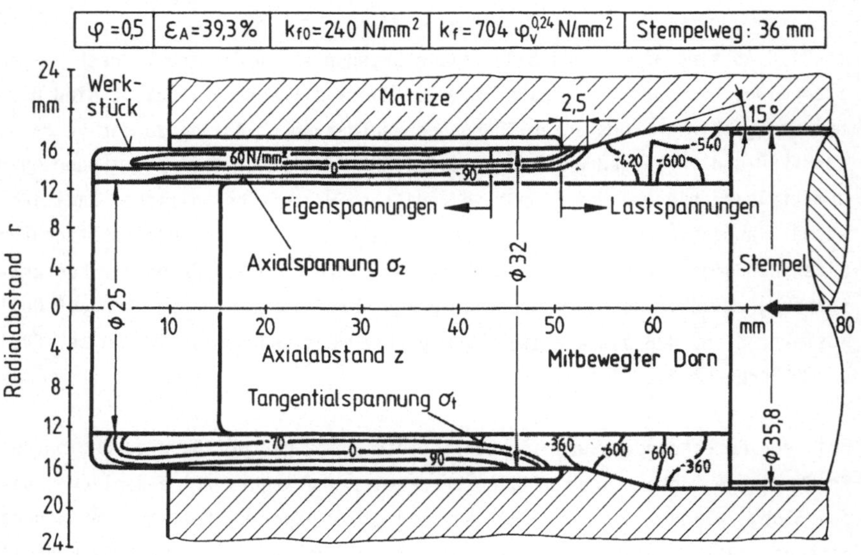

Bild 45. Spannungen in einem HVFP-Teil während des Fließpressens.

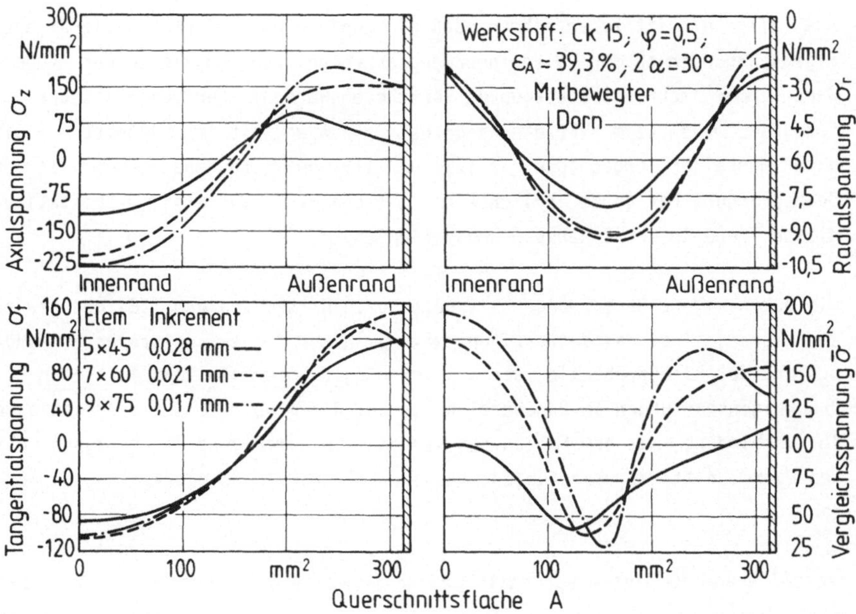

Bild 46. Einfluß der Netzfeinheit und Inkrementgröße auf die Eigenspannungen beim HVFP.

nungen - aus Symmetriegründen - im Kern genauso groß wie die tangentialen
(siehe z. B. Bilder 32, 37 und 38). Bei hohl-vorwärts-fließgepreßten Teilen dagegen sind die radialen Eigenspannungen aus Gründen des statischen
Gleichgewichts sowohl an der inneren als auch an der äußeren Oberfläche
identisch gleich Null und nehmen den betragsmäßigen Höchstwert im mittleren
Bereich des Probenquerschnitts an (Bild 46). Verglichen mit den radialen
Eigenspannungswerten beim VVFP sind aber diese Höchstwerte um eine Größenordnung niedriger. Dies ist mit der Tatsache zu begründen, daß die vorliegende Hulse ein Verhältnis von mittlerem Durchmesser zu Wandstärke von 15
hat und somit einem dünnwandigen Rohr entspricht.

Die Ergebnisse einer Variation des Umformgrades sind in Bild 47 wiedergegeben. Der Umformgrad wurde mittels Anderung des Rohteilaußendurchmessers d_o
variiert. Für einen Schulteröffnungswinkel $2\alpha = 60°$ wurden die Umformgrade φ = 0,5, 0,7 und 0,9 mit jeweils 14 x 75, 15 x 65 und 17 x 60 Elementen untersucht. Die rel. Anderungen des mittleren Durchmessers betrugen
6 % (φ = 0,5), 9 % (φ = 0,7) und 12 % (φ = 0,9), so daß die Quer-
schnittsverminderungen hauptsächlich durch eine Reduktion der ursprünglichen Rohrwanddicke erreicht wurde.

Aus Bild 47 ist zu entnehmen, daß mit zunehmendem Umformgrad die axialen Eigenspannungen an der Hulseninnenwand abnehmen, wahrend sie an der Außenwand immer mehr ins Druckgebiet verschoben werden. Für vergleichbare Umformgrade waren beim VVFP die Randeigenspannungen weit im Zuggebiet. Die experimentellen Ergebnisse in [21] und [15] beim Stopfenzug - der von der Beanspruchung her große Ähnlichkeiten mit dem HVFP aufweist - bestätigen diesen Trend in den Eigenspannungsverläufen.

Wie durch eigene Berechnungen als auch durch Härtemessungen [28] nachgewiesen wurde, liegt das Verfestigungsmaximum nicht in der unmittelbaren Randschicht der Fließpreßteile, sondern gerinfügig unterhalb. Das Auftreten von Druckeigenspannungen im Randbereich ist auf diese Abnahme der Verfestigung in Verbindung mit dem Fehlen des Kernes (gleichmaßigere Verfestigung uber den Querschnitt) zuruckzufuhren, was anhand von Bild 33 nachvollzogen werden kann.

Abschließend zu diesem Abschnitt sei vermerkt, daß Berechnungen [90] mit mitlaufendem und mitgehenden Dorn nahezu gleiche Eigenspannungsverläufe lieferten. Unterschiede traten hauptsächlich im inneren Oberflächenbereich

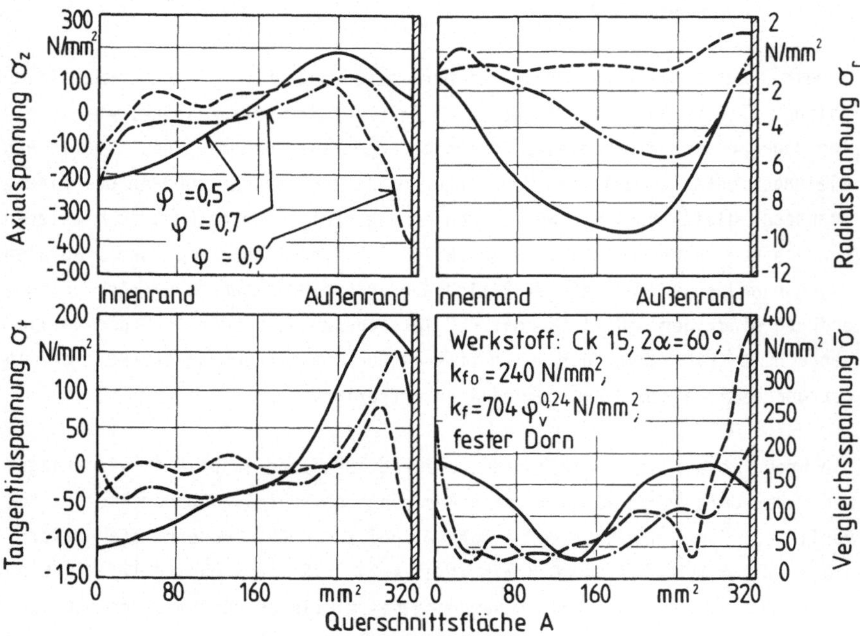

Bild 47. Einfluß des Umformgrades auf die Eigenspannungen beim HVFP.

der Hülse auf, was auf die unterschiedlichen Reibungsverhältnisse - bedingt durch den unterschiedlichen Ort der rel. "Fließscheide" an der Hülseninnenwand - zurückzuführen ist.

5.5 DRAHTZIEHEN

In diesem Abschnitt werden exemplarische Ergebnisse von Eigenspannungsverläufen in gezogenen Werkstücken vorgestellt. Das Drahtziehen ist ein Einwegverfahren.

In Bild 48 ist mit der durchgezogenen Kurve der axiale Spannungsverlauf über dem Querschnitt im stationären Bereich eines Werkstückes beim Ziehen mit $\mathcal{E}_A$ = 19 % (φ = 0,19) dargestellt. Bei den Berechnungen wurde von einem Ziehstein mit einem Schulteröffnungswinkel 2α = 19° und einer Reibzahl μ = 0,06 ausgegangen. Aufgrund einer Konvergenzuntersuchung wurde ein FE-Netz mit 8 x 60 Elementen gewählt. Der dargestellte Spannungsverlauf ist die Summe der Last- und Eigenspannungen. Da die bereits aus dem Ziehstein ausgetretenen Werkstuckbereiche elastisch sind, handelt es sich hier um eine lineare Superposition der zwei Spannungsarten. Das Flächenintegral unter der Spannungskurve entspricht der Ziehkraft F_Z. Die Anwendung der Simpsonschen Integrationsregel liefert

$$F_Z = \int_0^A \sigma_z\, dA \approx \sum_{i=1}^{8} \sigma_z^i\, A_i = 24,4 \text{ kN} . \tag{84}$$

Die Summation der Knotenkräfte (im Simulationsmodell) am Ziehende des Werkstückes liefert hingegen die Ziehkraft

$$F_Z = 25,3 \text{ kN} . \tag{85}$$

Die Differenz zwischen den zwei Werten in (84) und (85) beträgt weniger als 4 % und ist zum einen auf die Näherung der Integration in Gl. (84) und zum anderen auf Rechenungenauigkeiten im Simulationsmodell zurückzuführen.

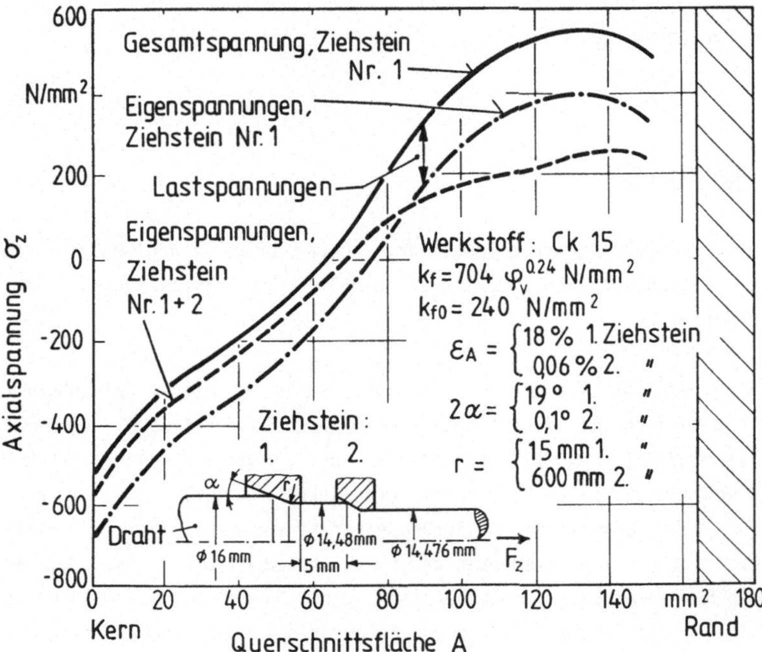

Bild 48. Axialspannungen beim Drahtziehen mit einem bzw. zwei Ziehsteinen.

Wird die Ziehkraft auf die Gesamtquerschnittsfläche [*]) des Werkstückes bezogen, ergibt sich die Lastspannung:

$$\sigma_z = F_z / A = 153,6 \ \text{N/mm}^2 . \qquad (86)$$

Die Subtraktion dieser Spannungen von dem in Bild 48 mit einer durchgezogenen Linie dargestellten Spannungsverlauf liefert die wahren Eigenspannungen im Ziehgut. Deren Verlauf ist in Bild mit einer strichpunktierten Kurve dargestellt. Durch eine numerische Entlastung mit dem Finite-Element-Rechenprogramm ergab sich die gleiche Eigenspannungsverteilung wie beim erwähnten Subtrahieren der Spannungen.

---

[*]) Die Lastspannungen haben nach dem de Saint Venantschen Prinzip über den Querschnitt konstant zu sein.

Ein Vergleich der erhaltenen Axialeigenspannungen beim Ziehen mit denen beim Verjüngen (Bild 41) fur $\mathcal{E}_A$ = 20 % und 2α = 25° zeigt, daß sich trotz unterschiedlicher Einleitung der Umformkraft ähnliche Eigenspannungsverläufe einstellen. Es ist jedoch zu beachten, daß die vorliegenden Berechnungen mit einem isotropen Verfestigungsmodell durchgeführt wurden. Inwiefern sich die Ergebnisse unter Berucksichtigung einer kinematischen oder anisotropen Verfestigung ändern, sei dahingestellt.

Bühler und Schulz [19] regten vor etwa 40 Jahren an, einen zweiten (oder sogar dritten) Ziehstein mit sehr geringer Flächenabnahme zu verwenden, um die hohen Eigenspannungen beim Drahtziehen zu vermindern (s. Kapitel 2). Diese Idee hat praktisch die selben Konsequenzen wie das Auswerfen bei den Zweiwegverfahren. In Bild 48 ist der Eigenspannungsverlauf nach dem Ziehen durch einen zusätzlichen zweiten Ziehstein mit einer Querschnittsabnahme von $\mathcal{E}_A$ = 0,06% anhand einer Strichlinie dargestellt. Wie auch bei den Zweiwegverfahren nach dem Auswerfen, reduzieren sich hier die Eigenspannungen, jedoch mit einem Unterschied: Obwohl beim VVFP oder Verjüngen für geringe Flächenabnahmen während des Auswerfens der ganze Probenquerschnitt plastisch wurde, trifft dies beim Ziehen durch die zweite Düse nur auf die unmittelbaren Randzonen des Werkstückes zu. Somit ist auch die erzielte Eigenspannungsverminderung für gleiche Verhältnisse beim Ziehen geringer als beim Verjüngen. Das unterschiedliche Verhalten der Durchdrück- und Durchziehverfahren wahrend der Nachformung kann folgendermaßen erklärt werden:

Wie z. B aus Bild 41 zu entnehmen ist, liegt die größte Vergleichseigenspannung im Randbereich vor. Beim Ziehen werden nun axiale Zugspannungen uber den ganzen Querschnitt der Probe induziert und durch die Überlagerung dieser Lastspannungen mit den Eigenspannungen kommt es zuerst im Randbereich zu einer Plastifizierung. Beim Verjüngen hingegen werden während des Auswerfens axiale Druckspannungen den Eigenspannungen überlagert, so daß die Plastifizierung im Kern anfängt und sich, bedingt durch die radialen Druckspannungen, uber den ganzen Querschnitt ausbreitet.

6 EXPERIMENTELLE ERMITTLUNG VON EIGENSPANNUNGEN

6.1 EINLEITUNG

Spannungen sind keine natürlichen Größen. Deshalb ist es nicht möglich, diese unmittelbar zu messen. Zwischen den meßbaren physikalischen Größen und den (Eigen-)Spannungen ist deshalb stets ein theoretisches Modell zur Umwandlung erforderlich, d. h. schematisch

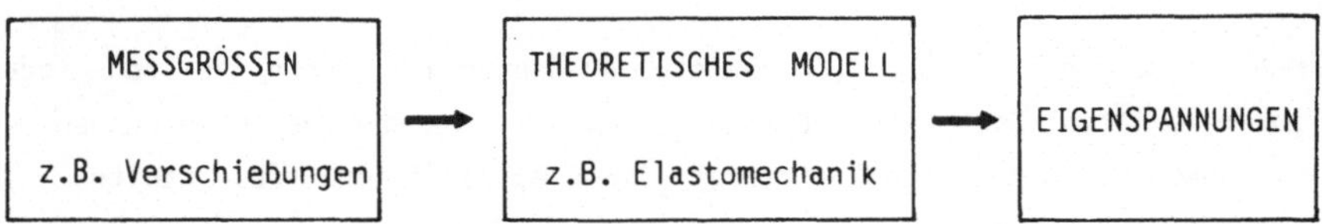

Aus diesem Grund sind die "gemessenen" Eigenspannungen - abgesehen von Meßfehlern - nur so genau wie das zur Umwandlung der Meßgrößen in Spannungen angewandte theoretische Modell. So machen die mechanischen Meßverfahren Gebrauch von der phänomenologischen Elastizitätstheorie. Aus gemessenen Dehnungen (s. Abschnitt 6. 2) werden in Verbindung mit dem Hookeschen Stoffgesetz, die Eigenspannungen ermittelt. Bei den Beugungsverfahren reduziert sich die kontinuumsmechanische Aufgabenstellung auf die unmittelbare Anwendung (örtlich) des Hookeschen Stoffgesetzes. Hierbei wird vorausgesetzt, daß das makroskopische Stoffgesetz auch im atomaren Bereich gültig ist.

Im Rahmen dieser Arbeit war es das Ziel, durch Messungen an fließgepreßten Werkstücken exemplarisch das Berechnungsverfahren für Eigenspannungen zu überprüfen. Deshalb wurde als Prüfkörper ein fließgepreßter zylindrischer Schaft aus Stahl mit einer quasi-homogenen axialen Eigenspannungsverteilung ausgewählt. Für den Vergleich mit den Berechnungen war die Messung des radialen Eigenspannungsverlaufes über den Querschnitt des Körpers wünschenswert. Unter Berücksichtigung dieser Randbedingungen kamen nur die mechanischen und röntgenographischen Meßverfahren in Frage.

Die Ultraschallverfahren konnten nicht herangezogen werden, da plastische Verformungen im theoretischen Umwandlungsmodell bis jetzt nicht berücksichtigt sind [93], vor allem die laterale Auflösung der Messungen am Prüfkörper nicht ausreichend war, wie durch exemplarische Messungen gezeigt werden konnte. Auf die Anwendung der magnetischen Verfahren [94] mußte verzichtet werden, da die quantitative Messung der Eigenspannungen ohnehin eine röntgenographische bzw. mechanische Eichmessung erfordert.

Im nachfolgenden Abschnitt sollen die Grundlagen der angewandten Meßverfahren kurz geschildert werden.   Im Abschnitt 6.3 wird die Durchführung der Messungen beschrieben. Die Ergebnisse werden im Abschnitt 6.4 dargelegt und mit den Berechnungen verglichen.

6.2   GRUNDLAGEN UND VORAUSSETZUNGEN DER ANGEWANDTEN MESSVERFAHREN

6.2.1 Sachssches Ausbohrverfahren

Eigenspannungen I. Art wurden erstmals von Heyn und Bauer [95] vor rund 70 Jahren quantitativ erfaßt. Ihr Meßverfahren konnte jedoch lediglich Axialspannungen in zylindrischen Körpern berücksichtigen. Sachs [96] gelang es, auch die tangentialen und radialen Spannungen in die Auswertung einzubeziehen.   Als Hilfsmittel dienten ihm mechanische und optische Meßgeräte. Mit dem Aufkommen der Dehnungsmeßstreifen erhielten diese Messungen neue Impulse, z. B. durch die Arbeiten von Bühler und Schreiber [97], die das Sachssche Verfahren auf die lückenlose Bestimmung des Eigenspannungszustandes mit Hilfe des kombinierten Ausbohrens und Ausdrehens erweiterten und numerische Näherungsverfahren zur praktischen Auswertung angaben. Heute kann das Ausbohr- und/oder Abdrehverfahren nach Sachs zur Messung von Eigenspannungen als ausgereift angesehen werden.

In dieser Arbeit wurde das Sachssche Ausbohrverfahren mit der Auswertevorschrift nach Buhler und Schreiber [97] angewandt, um die Eigenspannungen im Innern der Proben zu ermitteln. Bedingt durch den Durchmesser der Werkstucke (15 mm) konnte die luckenlose Bestimmung des Eigenspannungszustandes mit einem kombinierten Ausbohr- und Abdrehverfahren nicht durchgeführt werden.

Grundidee und Voraussetzungen

Wird an einem rotationssymmetrischen, mit Eigenspannungen behafteten Körper, z. B. innen ein Ringelement abgelost, so wird der Spannungszustand am Reststuck verändert, so daß ein neues Gleichgewicht entsteht. Die Änderung

des Spannungszustandes ruft Dehnungsänderungen im Restkörper hervor. Aus
solchen stufenweise herbeigeführten und gemessenen Dehnungsänderungen kann
mit Hilfe der Elastomechanik der ursprüngliche Eigenspannungszustand ermittelt werden.

Für die praktische Anwendung des Verfahrens nach Sachs [96] sind folgende
Voraussetzungen und Annahmen zu berücksichtigen:

o   Im Prufkörper muß ein rotationssymmetrischer, (zumindest uberwiegend)
    axial stationärer Eigenspannungszustand vorliegen.

o   Das Ablösen eines Ringelementes im Innern des Körpers verursacht kein
    plastisches Fließen im Restkörper, d. h. die Gleichgewichtskorrekturen
    erfolgen rein elastisch.

o   Zur Beschreibung des Spannungszustandes im abzulösenden Ringelement
    sind die Beziehungen für ein dünnwandiges Rohr unter Außendruck, und im
    Restkörper die jenigen für ein dickwandiges Rohr unter Innendruck an-
    wendbar.

o   Der durch das Ablösen eines Ringelementes verursachte Abbau der Axial-
    spannung im Restkörper ist über den Querschnitt des Körpers konstant.

Sind diese Voraussetzungen und Annahmen zutreffend, können durch Benutzung
des verallgemeinerten Hookeschen Stoffgesetzes die Eigenspannungen aus den
stufenweise gemessenen Dehnungsänderungen an der Mantelfläche des Prüfkör-
pers ermittelt werden.

<u>Vorschriften zur Berechnung der Eigenspannungen</u>

Betrachtet man ein zylindrisches Rohr mit dem Ausgangsquerschnitt A^O, das
bis zu einem Querschnitt A bereits ausgebohrt wurde und entfernt nun ein
zylindrisches, infinitesimales Ringelement mit der Querschnittsfläche dA
vom Innern, so können die ursprunglichen Eigenspannungen am Querschnitt A
aus den am Mantel gemessenen axialen und tangentialen Dehnungen ε_z und ε_t
berechnet werden zu (Sachs [96]):

$$\sigma_z = E \left[(A^\circ - A) \cdot (d\varepsilon_z + \nu \, d\varepsilon_t) / dA - \varepsilon_z - \nu \varepsilon_t \right] / (1 - \nu^2), \qquad (87)$$

$$\sigma_t = E \left[(A^\circ - A) \cdot (d\varepsilon_t + \nu \, d\varepsilon_z) / dA - (A^\circ + A) \cdot (\varepsilon_t + \nu \varepsilon_z) / (2A) \right] / (1 - \nu^2) \qquad (88)$$

und

$$\sigma_r = E (A^\circ - A) \cdot (\varepsilon_t + \nu \varepsilon_z) / \left[2A (1 - \nu^2) \right] . \qquad (89)$$

Da die Meßpunkte in diskreter Form vorliegen, empfiehlt es sich, die Differentialgleichungen (87) bis (89) zu diskretisieren, wie z.B. durch eine zentrale Finite-Differenz-Diskretisierung, [97].

Es sei darauf hingewiesen, daß Gln. (87) bis (89) bei Vollkörpern zwangsläufig zu Ungenauigkeiten in den Spannungswerten im unmittelbaren Kern der Probe führen, da beim Ausbohren des Kernes die Voraussetzungen des Ablösens eines dünnwandigen Rohres nicht gegeben sind.

6.2.2 Röntgenographische Spannungsmessung

Zur Bestimmung der Eigenspannungen in oberflächennahen Schichten der Werkstücke wurde das rontgenographische Spannungsmeßverfahren angewandt. Dieses Verfahren hat mit den im Abschnitt 6.2.1 beschriebenen mechanischen Verfahren gemeinsam, daß durch die Messung von Dehnungen im Werkstück auf die Eigenspannungen geschlossen wird. Abweichend von den mechanischen Verfahren, bei denen markoskopische Dehnungen gemessen werden, werden bei den röntgenographischen Verfahren Dehnungen der Kristallgitter ermittelt. Wegen der geringen Eindringtiefe der Röntgenstrahlen in den Werkstoff (je nach benutzter Wellenlange des Strahles zwischen 20 und 60 μm, [98]) ist das Verfahren primär zur Ermittlung von Oberflächenspannungen geeignet. In diesem Anwendungsfall ist das Verfahren storungsfrei. Durch Kombination mit geeigneten Abtragverfahren sind jedoch auch Tiefenverteilungen der Spannungen erfaßbar.

Grundidee und Voraussetzungen

In Bild 49 ist eine Gitterebene - gekennzeichnet durch ihre Millerschen Indizes (hkl) - eines Kornes in einem vielkristallinen Verbund unmittelbar unter der Werkstucksoberflache dargestellt, [99]. Trifft ein Primärstrahl mit der Wellenlänge λ unter den Winkel $\psi + \Theta$ auf die Werkstückoberfläche, bzw. unter den Winkel Θ auf die Gitterebene, so wird dieser durch die Atome "reflektiert". Die "reflektierten" Wellen bilden mit der Werkstückoberfläche den Winkel $\Theta - \lambda$. Ist der Gangunterschied der reflektierten Wellen ein ganzzahliges Vielfaches der Wellenlänge λ, so kommt es zu einer Interferenz im Reflexionsbereich. Die Bedingung für eine Interferenz ist gegeben durch die Braggsche Gleichung

$$2\, d \sin\Theta = n\,\lambda \; ; \quad n=1,\, 2,\, 3,\, \ldots \tag{90}$$

Durch Differenzierung der Gl. (90) für eine konstante Wellenlange ergibt sich

$$\partial\Theta = - (\tan\Theta)\, \partial\, d\,/\, d. \tag{91}$$

Wird diese Beziehung auf den unverspannten Gitterzustand bezogen und werden die infinitesimalen Differentiale ∂ durch endliche Inkremente Δ ersetzt, so ergibt sich

$$\varepsilon_n^g = (\, d - d_o\,)\,/\, d_o = -\Delta\,\Theta \cdot \cot\Theta_o. \tag{92}$$

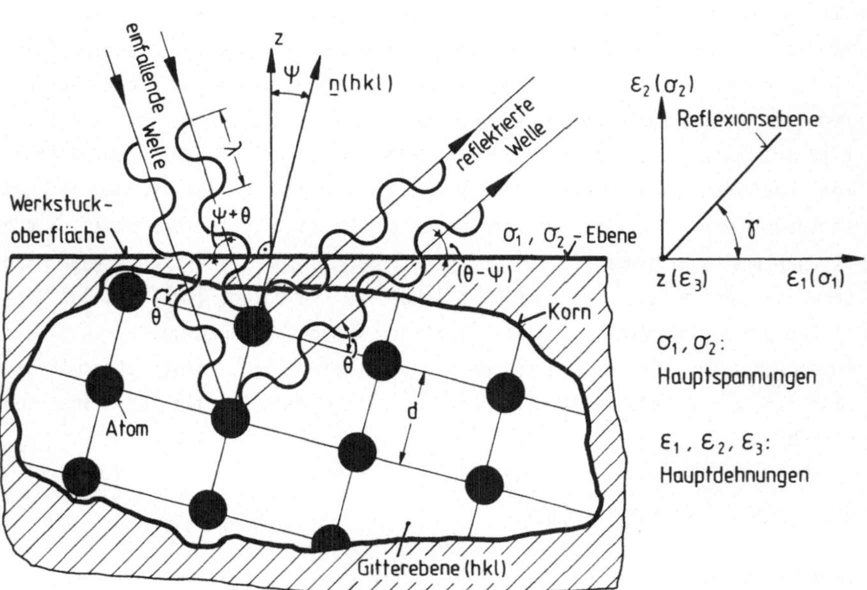

Bild 49. Grundprinzip der röntgenographischen Gitterabstandmessung.

Dies ist die Grundgleichung zur Ermittlung der Gitterdehnung ε_n^g mit Hilfe der Röntgenverfahren. Fur ein bekanntes Θ_0 - den Braggschen Winkel für ein unverspanntes Gitter - konnen somit aus der Verschiebung $\Delta\Theta$ der Interferenzlinien die zur interferenzfähigen Gitterebene senkrechten elastischen Mikrodehnungen ermittelt werden. Wie aus Gl. (91) ersichtlich, ist die Auflösung von $\Delta\Theta$ um so größer - für eine gegebene Dehnung ε_n^g - je größer der Winkel Θ ist. Aus diesem Grund wird in der Praxis meistens auch im sogenannten Ruckstrahlbereich ($\Theta > 45°$) mit $70° < \Theta < 85°$ [100] gearbeitet. Um aus den nach Gl. (92) ermittelten Gitterdehnungen auf die makroskopischen Spannungen zu schließen, werden folgende Annahmen gemacht:

1. Die submikroskopischen Dehnungen sind mit den makroskopischen Dehnungen identisch. Diese Annahme ist für reale Werkstoffe nicht erfüllt. Die Übertragbarkeit der Dehnungen vom submikroskopischen Bereich in den makroskopischen entspricht der Problematik, aus den gemessenen Eigenspannungen (I. und II. Art), die Eigenspannungen II. Art zu eliminieren. Obwohl umfangreiche Untersuchungen hinsichtlich dieser Übertragbarkeit im Gange sind, liegen z. Z. noch keine brauchbaren Ergebnisse vor.

2. Der Spannungszustand in der Oberfläche kann durch die oberflächenparallelen Hauptspannungsachsen dargestellt werden.

3. Es wird angenommen, daß ausreichend viele, regellos orientierte Körner in dem von Rontgenbundel getroffenen Probenbereich vorliegen, damit zumindest ein quasiisotropes elastisches Verformungsverhalten gewährleistet ist. Dies fuhrt zur Anforderung einer Texturfreiheit des Werkstoffes.

4. Im betrachteten Probenbereich ist der Werkstoff homogen.

Mit diesen Annahmen und Voraussetzungen ist es schließlich möglich, aus den gemessenen Gitterdehnungen, unter Einbeziehung des verallgemeinerten Hookeschen Stoffgesetzes, die Oberflachenspannungen zu ermitteln.

Berechnung der Oberflächenspannungen: Das $\sin\psi^2$-Verfahren

Betrachtet man eine Reflexionsebene, die zu der ersten Hauptspannungsrichtung um den (Azimut-)Winkel γ geneigt ist (s. Bild 49), so kann einfach gezeigt werden, daß gilt [101]

$$\varepsilon_n = [\,(1+\nu)\,\sigma_\gamma\ /E)\ \sin^2\psi\ -\nu\,(\,\sigma_1 + \sigma_2\,)\ /\ E\ . \tag{93}$$

Hierin ist ε_n die Gitterdehnung senkrecht zur Gitterebene (hkl), deren Normale $\underline{n}$ durch den Distanzwinkel ψ und den Azimutwinkel γ eindeutig beschrieben wird, und σ_γ ist die makroskopische, oberflächenparallele Normalspannung der Ebene γ = konstant. Sind die Hauptrichtungen des ebenen Spannungstensors an der Oberfläche bekannt, d. h. ein bekanntes γ, so sind lediglich zwei Meßwertpaare (ε_n,ψ) erforderlich, um den Spannungszustand zu ermitteln, da gilt

$$\sigma_\gamma = \sigma_1\ \cos^2\gamma + \sigma_2\ \sin^2\gamma\ . \tag{94}$$

In der Praxis werden jedoch für ein konstantes γ etwa 10 Wertepaare (ε_n,ψ) ermittelt, um den durch die Gl. (93) beschriebenen Geradenverlauf zu überprüfen. Je weniger die o. g. Voraussetzungen und Annahmen zutreffen, desto mehr weicht die Meßkurve von einer Geraden ab. Die Abschätzung der tolerierbaren Abweichung beruht auf Erfahrungen.

Abschließend soll noch erwähnt werden, daß je nach untersuchter Gitterebene die in Gl. (93) benutzten Elastizitätskonstanten aufgrund der atomaren elastischen Anisotropie von den makroskopisch isotropen Werten abweichen können.   Nach [102] betragen diese Abweichungen in Abhängigkeit von der betrachteten Netzebene -6 % bis 15 %.

Ermittlung der Tiefenverteilung: Korrekturen

Werden Oberflachenschichten abgetragen, um die Tiefenverteilung der Spannungen in einem Werkstück zu ermitteln, so müssen die an der neuerzeugten Oberfläche gemessenen Spannungen korrigiert werden, da durch das Abtragen der zurückbleibende Spannungszustand geändert wird. Dies ist prinzipiell der gleiche Vorgang wie bei den mechanischen Abdrehverfahren. Jedoch können die von Bühler und Schneider [97] angegebenen Berechnungsvorschriften nicht benutzt werden, da hier ein hohler Zylinder betrachtet wird (die Dehnmeßstreifen befinden sich an der Innenoberfläche des Rohres). Für einen Vollkörper geben Moore und Evans in [103] entsprechende Korrekturgleichungen an, welche in dieser Arbeit angewandt wurden.

6.3 DURCHFÜHRUNG DER VERSUCHE UND MESSUNGEN

6.3.1 Versuchsdurchführung

Als Werkstückstoff wurde der Fließpreßstahl Ck 15G benutzt. Die aus dem Zugversuch ermittelten Kennwerte [104] wurden für die Streckgrenze mit $R_{p0,2}$ = 304 N/mm^2, für die Zugfestigkeit R_m = 414 N/mm^2 und für die Gleichmaßdehnung mit A_g = 25 % angegeben. Die Fließkurve wurde durch den Ludwikansatz analytisch beschrieben mit

$$k_f = 727 \, \varphi_v^{0,23} \; N \; / \; mm^2 \tag{95}$$

bei einer Anfangsfließspannung von k_{fo} = 250 N/mm^2. Als elastische Stoffwerte wurden ν = 0,3 und E = 210.000 N/mm^2 angesetzt.

Die zum Fließpressen erforderlichen Rohteile wurden aus gewalztem Stangenmaterial gefertigt. Die abgesägten Proben wurden weichgeglüht und auf Maß gedreht. Nach dem Phosphatieren wurden die Rohteile beseift. Als Schmierstoff wurde die Seife Bonderlube 234 benutzt. Die Fließpreßteile wurden auf einer mechanischen Kurbelpresse mit 3150 kN Nennkraft gefertigt. Es wurden insgesamt drei Versuchsreihen durchgeführt, [105]:

In der ersten Reihe wurden fließgepreßte Schäfte mit der in Bild 50 skizzierten doppelarmierten Matrize (d = 15,02 mm) gefertigt. Die Fließpreßteile wurden jeweils mit dem nächsten Rohteil vollständig durch die Matrize hindurchgedruckt, so daß in dieser Versuchsreihe nicht ausgeworfene Fließpreßteile (ohne Kopf- und Schulterbereich) erhalten wurden. Wie aus Bild 50 zu erkennen, besitzt die Matrize neben dem Fließbund zusätzlich einen sogenannten Stutzbund am Ende des Freischliffes. Dieser Stützbund hat die Aufgabe, bei langeren Schaften ein Verbiegen zu verhindern und das gepreßte Teil zu zentrieren. Da der Durchmesser dieses Bundes sich im unbelasteten Zustand nur um 0,02 mm vom Fließbund unterscheidet, besteht durchaus die Möglichkeit einer geringen Plastifizierung in den oberflächennahen Bereichen des austretenden Fließpreßteiles und somit einer Änderung des Eigenspannungszustandes im Werkstück. In Anbetracht dieser Möglichkeit wurde deshalb in einer <u>zweiten</u> Versuchsreihe mit einer Fließpreßmatrize ohne Stützbund gearbeitet. Hierbei wurde lediglich der Stützbund der in der ersten Versuchsreihe benutzten Matrize herausgeschliffen.

In der <u>dritten</u> Versuchsreihe wurden typische Fließpreßteile, bestehend aus den Bereichen Kopf, Schulter und Schaft, gepreßt. Somit wurden hier die Teile nicht vollständig durchgepreßt, sondern nach Erreichen einer bestimmten Kopfhöhe wieder aus der Matrize ausgeworfen.

Die aus diesen drei Versuchsreihen erhaltenen Fließpreßteile wurden anschließend für die Eigenspannungsmessungen präpariert. Hierfür wurden die instationären Ein- und Auslaufbereiche der Fließpreßschäfte abgedreht und die Phosphatschicht mit feinem Schmirgelpapier entfernt. Somit ergaben sich zylindrische Teile, deren Höhe/Durchmesser–Verhältnis mindestens 4,5 betrug.

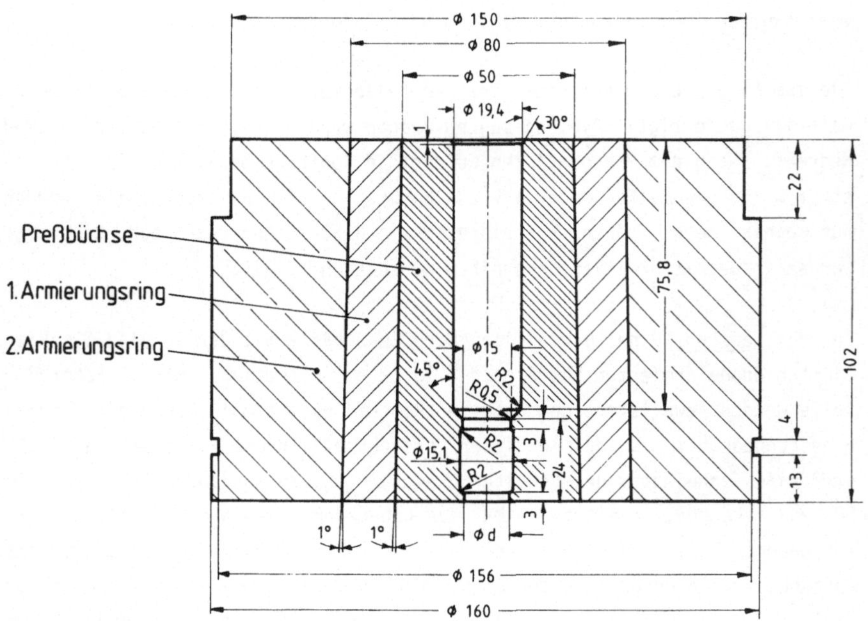

Bild 50. Schematische Darstellung und Abmessungen der verwendeten Fließpreßmatrize (alle Maße in mm).

6.3.2 Mechanische Eigenspannungsmessung

Die sich durch sukzessives Ausbohren ergebenden Dehnungsanderungen wurden anhand von Dehnungsmeßstreifen (DMS) gemessen. Die DMS (Typ 0,6/120 LY11 der Fa. Hottinger Baldwin Meßtechnik) mit einer Meßgitterabmessung 0,6 x 1,0 mm konnten einen Krummungsradius bis 0,3 mm ertragen und waren für den Probenradius von 7,5 mm geeignet. Die Dehnmeßstreifen, die ihren elektrischen Widerstand in Abhängigkeit von der elastischen Formänderung ändern, sind als Glied einer Wheatstoneschen Brücke geschaltet. Das durch den Meßverstärker verarbeitete elektrische Signal wird analog als Dehnungswert ausgegeben. Die erhaltenen Dehnungswerte werden durch ein Rechenprogramm - aufbauend auf den Gln. (87) bis (89) - in die im Prüfkörper vorliegenden Eigenspannungen umgerechnet.

Die numerische Auswertung [97] der im Abschnitt 6.2 angegebenen Rechenvorschriften setzt die Gleichflächigkeit der ausgebohrten Querschnittsflächen voraus und erfordert ca. 8 bis 10 Meßpunkte, die als Stützpunkte für die Berechnungen diverser Ableitungen dienen. Weiterhin ist es nicht mehr möglich, einen Zylinder mit einer Wanddicke von weniger als 1,5 bis 2 mm verfahrensgerecht zu bohren. Die in der Tabelle 2 angegebenen Durchmesserwerte ergeben sich als Kompromißwerte hinsichtlich der o. g. Anforderungen.

Das Abtragen der zylindrischen Schichten wurde aus Genauigkeitsgründen auf einer Drehbank durchgefuhrt. Die Rundlaufabweichungen der Proben betrugen weniger als 0,05 mm. Das Bohren wurde mit den in Tabelle 2 angegebenen Drehzahlen durchgeführt. Der Vorschub während des Bohrens lag zwischen 8 und 12 mm/min. Der Bohrvorgang wurde des ofteren unterbrochen, um die Probe mit Druckluft zu kühlen. Der Spiralbohrer wurde nach jedem Bohrvorgang überprüft und ggf. nachgeschliffen.

Die Dehnungsmessungen wurden in einem auf $20^{\circ}C \pm 1^{\circ}C$ temperierten Raum durchgefuhrt. Umfangreiche Vorversuche ergaben eine Verweilzeit im Meßraum - zum Temperaturausgleich der Proben - von 45 min. Die Instabilität der Meßbrücke war mit einer Abweichung von $0,8.10^{-6}$ m/m vernachlässigbar. Wegen der erforderlichen Sorgfalt wahrend der Bearbeitung und Messung betrug der Zeitaufwand zur Ermittlung des Eigenspannungsverlaufes im Kernbereich einer Probe insgesamt etwa 16 Stunden.

Tabelle 2: Durchmesser und Drehzahl der Bohrer beim Sachsschen Ausbohrverfahren

Bohrstelle	ausgebohrte Flache A in mm^2	berechneter Bohrdurch- messer in mm	gewählter Bohrdurch- messer in mm	Drehzahl in U/min
1	11,78	3,87	3,8	980
2	23,56	5,48	5,5	980
3	35,34	6,71	6,7	490
4	47,12	7,75	7,8	490
5	58,90	8,66	8,7	490
6	70,69	9,49	9,5	490
7	82,47	10,25	10,2	300
8	94,25	10,95	11,0	150
9	106,03	11,62	11,6	150

6.3.3 <u>Röntgenographische Eigenspannungsmessung</u>

Wegen der im Auswertemodell der röntgenographischen Eigenspannungsmessung
beinhalteten Unklarheiten, wie den Auswirkungen der Textur und der plastischen Formänderungen auf die Meßergebnisse und der Trennung unterschiedlicher Eigenspannungsarten, erfordert das Meßverfahren umfangreiche Erfah-
rung. Darüber hinaus ist eine sehr teuere apparative Ausstattung erforderlich. Aus diesen Gründen wurden die röntgenographischen Spannungsmessungen
am Institut für Werkstoffkunde I der Universität Karlsruhe durchgeführt.
An diesem Institut werden bereits seit Jahrzehnten vergleichbare Messungen
durchgeführt, so daß ein immenser Erfahrungsschatz vorliegt.

Die Messungen wurden auf einem automatisierten ψ-Diffraktometer mit CrKα
-Strahlung (Wellenlänge λ = 0,228 nm) durchgeführt. Dabei wurden Gitter-
dehnungsmessungen in 11 verschiedenen ψ-Richtungen im Bereich $-45° < \psi <$
$45°$ vorgenommen. Zur Messung wurden die $\{211\}$-Netzebenen oberflächennaher
Ferritkristalle herangezogen. Die Eindringtiefe der CrKα-Röntgenstrahlung
liegt für ψ = 0 bei etwa 15 μm. Der vom Röntgenstrahl erfaßte Probenbereich war kreisförmig begrenzt und hatte einen Durchmesser von 1 mm. Wäh-

rend der Messung rotierten die Proben mit einer hinreichend hohen Frequenz um ihre Längsachse, wobei der momentane Meßpunkt jeweils im Diffraktometerzentrum positioniert blieb. Auf diese Weise wurden Mittelwerte der jeweiligen Spannungen über dem Probenumfang gewonnen.

Die Spannungsberechnung erfolgte nach dem "$\sin^2 \psi$"-Verfahren. Dazu wurden die elastischen Konstanten $E = 210.000$ N/mm^2 und $\nu = 0,3$ zugrundegelegt. Effekte der elastischen Anisotropie blieben somit unberücksichtigt. Die Meßdauer für eine Spannungskomponente an einem Ort auf der Probe betrug etwa 30 min.

Die dem Auswertemodell zugrundeliegende Annahme einer linearen Abhängigkeit zwischen ε_n und $\sin^2 \psi$ konnte trotz vorliegender Textur experimentell bestätigt werden. Die durch die Meßpunkte gelegte Ausgleichsgerade hatte eine maximale Standardabweichung von $\pm$ 30 N/mm^2. Dieser Wert entspricht dem Fehler der Messungen, der durch die kristallographische Vorzugsrichtung der einzelnen Körner gegeben ist. Wesentlich kritischer ist demgegenüber die Tatsache, daß sowohl Eigenspannungen I. als auch II. Art gemessen wurden. Eine röntgenographische Trennung dieser Eigenspannungen war praktisch nicht möglich.

Die Tiefenverteilung (bis 1 mm von der Ausgangsoberfläche) der Eigenspannungen wurde ermittelt, indem entsprechende Oberflächenschichten elektrolytisch abgetragen wurden. Dabei mußten z. T. extrem lange Abtragzeiten in Kauf genommen werden.

6.4 <u>EXPERIMENTELLE ERGEBNISSE UND VERGLEICH MIT BERECHNUNGEN</u>

Die Ergebnisse der Untersuchung hinsichtlich Reproduzierbarkeit der röntgenographischen Spannungsmessung sowie der Homogenität der Eigenspannungen in axialer Richtung sind in Bild 51 dargestellt. Hier wurde drei Proben aus der Versuchsreihe 1 (siehe Abschnitt 6.1) in Probenmitte und 10 mm außerhalb der Probenmitte untersucht. Wie aus dem Bild zu erkennen ist, ergaben diese Messungen praktisch identische Ergebnisse. Der maximale Unterschied zwischen den an unterschiedlichen Orten gemessenen Axialeigenspannungen betrug etwa 20 N/mm^2. Diese Abweichung liegt innerhalb des Texturfehlers von $\pm$ 30 N/mm^2. Offenbar war der erwartete stationäre Verlauf der Eigenspannungen gewährleistet. Abgesehen von den Messungen in einer Tiefe von

0,2 mm konnte auch eine relativ gute Reproduzierbarkeit der röntgenographischen Spannungsmessungen nachgewiesen werden. Die Streubreite der Meßpunkte liegt ebenfalls innerhalb der o. a. Texturfehlerschranken.

In Bild 52 ist exemplarisch der Einfluß des Umformgrades auf die röntgenographisch gemessenen axialen und tangentialen Eigenspannungen in oberflachennahen Werkstückbereichen dargestellt. Die aus der Versuchsreihe 1 stammenden Proben weisen für den niedrigen Umformgrad φ = 0,5 hohe Zugeigenspannungen auf. Für den höheren Umformgrad φ = 1,2 ergeben sich axiale Druckeigenspannungen an der Werkstückoberfläche. Darüber hinaus ist das absolute Niveau der Eigenspannungen niedriger als beim Umformgrad φ = 0,5. Diese Messungen bestätigen somit den auch bei den Berechnungen festgestellten Trend der Verminderung der Eigenspannungen mit zunehmender Umformung beim VVFP.

In den Bildern 53 und 54 sind die gemessenen Eigenspannungen aus drei unterschiedlichen Versuchsreihen einander gegenübergestellt. Obwohl die me-

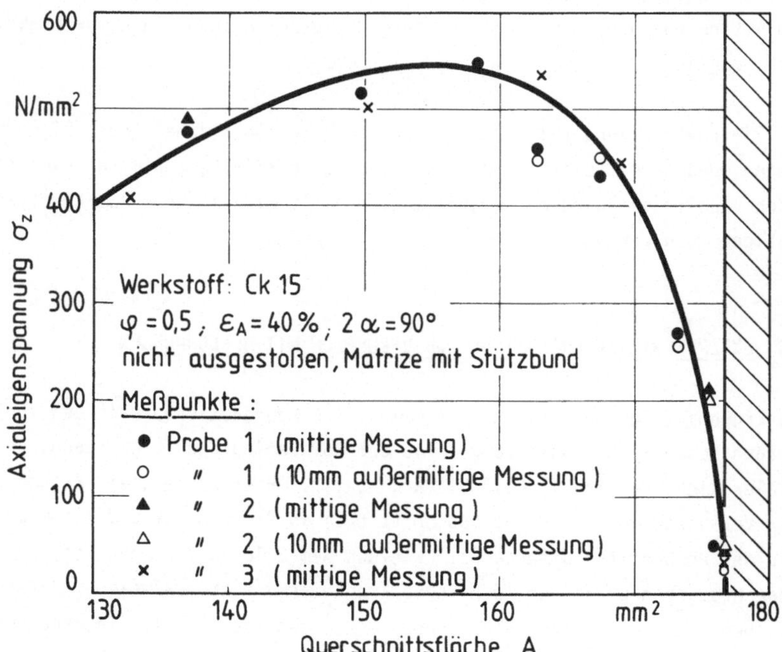

Bild 51. Reproduzierbarkeit röntgenographisch gemessener Eigenspannungen.

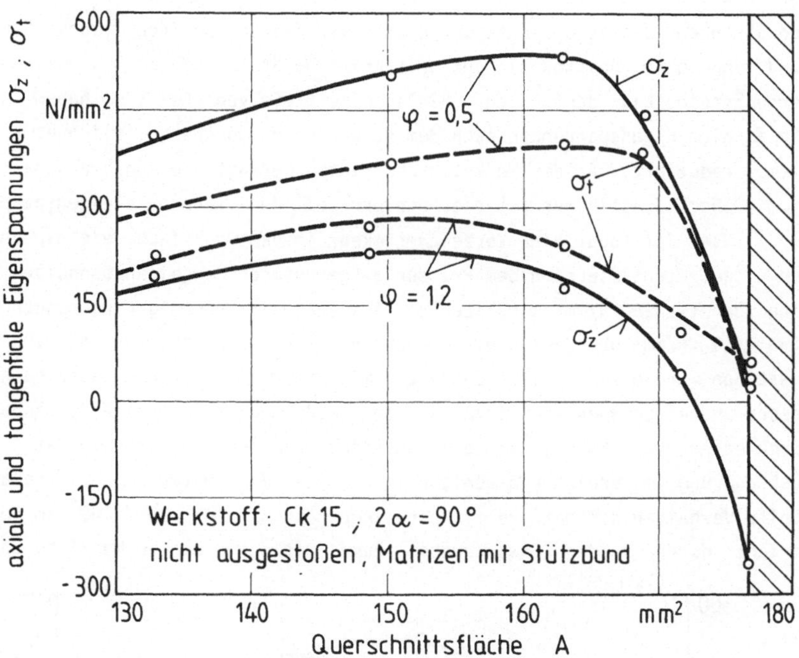

Bild 52. Einfluß des Umformgrades auf die Eigenspannungen beim Fließpressen.

chanischen Messungen im Kern der Proben keine entscheidenden Unterschiede zeigten, weichen die róntgenograhischen Messungen in oberflächennahen Bereichen der Proben merklich voneinander ab. Die betragsmäßig größten Eigenspannungen ergeben sich bei den Proben aus der Versuchsreihe 2, d. h. bei den Teilen, die durch die Matrize ohne Stützbund gepreßt wurden. Für die Proben, welche durch eine Matrize mit Stützbund gepreßt wurden, ergeben sich wesentlich niedrigere Eigenspannungswerte an der Werkstückoberfläche. Dieser Einfluß ist eindeutig auf die Auswirkungen des Stützbundes zurückzufuhren: nachdem der Fließpreßschaft den Fließbund verlassen hat, erfährt er eine sehr geringe plastische Verformung wahrend des Durchstoßens durch den Stutzbund. Die geringe plastische Verformung im Oberflachenbereich des Werkstuckes trägt dazu bei, daß die inhomogene Umformung wahrend des Pressens geringfügig ausgeglichen wird und somit die Eigenspannungen abnehmen. Von dieser nicht vorgesehenen Funktion des Stutzbundes konnte somit bei der Beeinflussung der Eigenspannungen Gebrauch gemacht werden.

Der Einfluß des Ausstoßens (Versuchsreihe 3) läßt sich aus den Bildern 53 und 54 anhand des Vergleiches der Ergebnisse aus der zweiten (ohne Stutzbund und ohne Ausstoßen) und dritten (ohne Stützbund und mit Ausstoßen) Versuchsreihe klar darstellen. Bis in eine Tiefe von etwa 1 mm haben sich die axialen Eigenspannungen nach dem Auswerfen um durchschnittlich etwa 150 N/mm^2 reduziert. An der Werkstückoberfläche beträgt die Abnahme sogar 240 N/mm^2. Noch drastischer ist die Änderung bei den Tangentialeigenspannungen. Hier ist sogar eine Vorzeichenumkehr in den Oberflacheneigenspannungen eingetreten: Die nach dem Pressen aufgetretenen Zugeigenspannungen in Höhe von etwa 250 N/mm^2 sind nach dem Auswerfen in Druckeigenspannungen von etwa -10 N/mm^2 übergegangen. Die Durchmesser der Proben vor und nach dem Ausstoßen wurden - im kalten Zustand - mit einer Mikrometerschraube nachgemessen und es ergaben sich innerhalb der Meßgenauigkeit keine erfaßbaren Durchmesserunterschiede, so daß angenommen werden muß, daß die Matrizenrückfederung im Bereich von wenigen Tausendstel Millimeter lag. Das relativ steife Verhalten der Matrize mit einem Außendurchmesser von $\emptyset$ 160 mm entspricht durchaus den Erwartungen, zumal mit dem gleichen Matrizenaußen-

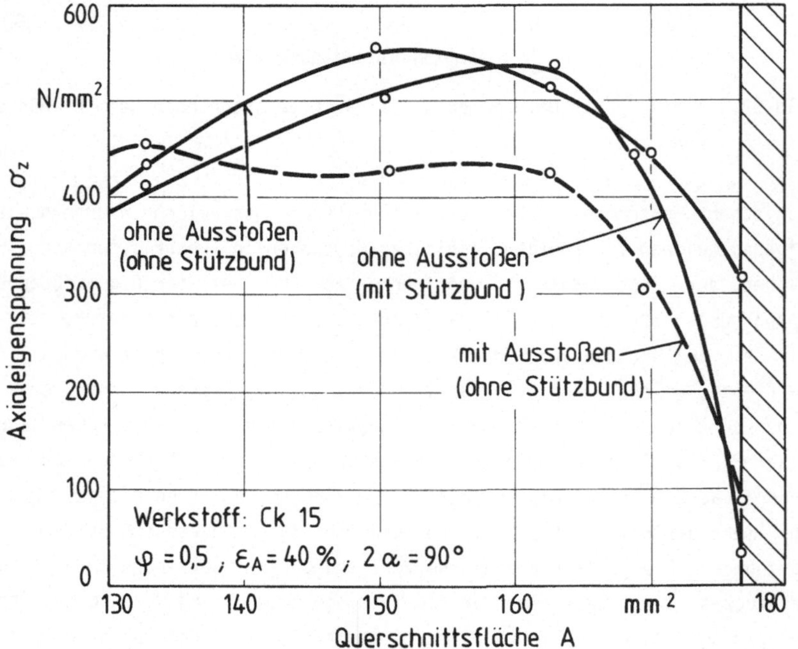

Bild 53. Einfluß des Ausstoßens und des Stützbundes auf die axialen Eigenspannungen beim Fließpressen.

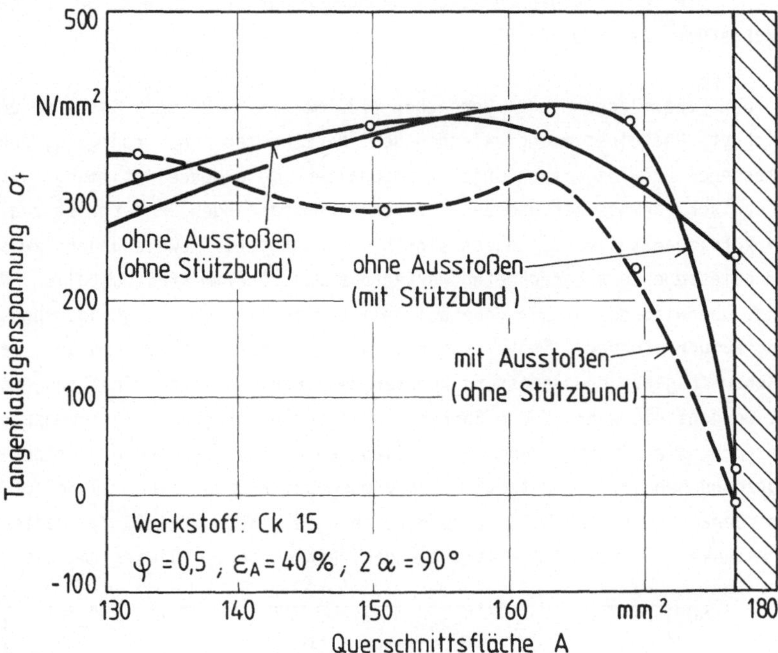

Bild 54. Einfluß des Ausstoßens und des Stutzbundes auf die tangentialen
Eigenspannungen beim Fließpressen.

durchmesser auch Fließpreßteile mit Umformgrad $\varphi = 1{,}6$ hergestellt werden
können, und hier die Auffederungen am Fließbund durchaus mehrere Hundert-
stel Millimeter betragen können [106].

Vergleiche zwischen berechneten und gemessenen Eigenspannungen in fließgepreßten Schaften aus den Versuchsreihen zwei und drei sind in den Bildern
55 bis 57 gegeben. In Bild 55 ist der Verlauf der Axialeigenspannungen
uber den Querschnitt eines nicht ausgeworfenen Fließpreßschaftes dargestellt. Durch mechanische Messungen konnte der Verlauf der Eigenspannungen
bis zu einer Querschnittsfläche von ca. 100 mm² ermittelt werden. Im Oberflachenbereich wurden die Spannungen rontgenographisch gemessen. Somit
blieb ein durch Messungen nicht erfaßter Bereich des Querschnittes zwischen
100 und 130² mm ubrig, in dem der Verlauf der gemessenen Eigenspannungen
interpoliert wurde. Es ist festzustellen, daß die röntgenographisch und
mechanisch gemessenen Eigenspannungskurven kontinuierlich ineinander uber-

gehen. Die Berechnungen der Eigenspannungen wurden mit 14 x 60 Elementen durchgeführt (s. Kapitel 5).

In den oberflächennahen Bereichen ($130 \text{ mm}^2 < A < 180 \text{ mm}^2$) ist eine ausgezeichnete Übereinstimmung zwischen den berechneten und rontgenographisch gemessenen Axialeigenspannungen festzuhalten. Die Übereinstimmung zwischen mechanisch gemessenen und berechneten Eigenspannungen im Kern ist qualitativ zufriedenstellend. Jedoch sind hier quantitativ Abweichungen zwischen den gemessenen und berechneten Werten bis zu 250 N/mm^2 festzustellen. Diese sind überwiegend auf die Ungenauigkeit der mechanischen Eigenspannungsmessung zurückzufuhren. Trotz großer Sorgfalt in der Durchfuhrung der mechanischen Eigenspannungsmessung konnten zwei Fehlerquellen nicht ausgeschaltet werden: die wahrend des Bohrens implizierten Bearbeitungseigenspannungen und die Durchbiegung der Fließpreßschäfte (es wurden Matrizen ohne Stützbund benutzt). Um trotz der Krummung der Proben einen Rundlauf mit der Genauigkeit von 0,05 mm zu erreichen (s. Abschnitt 6.3.2), mußten die Werkstücke in der Drehbank leicht angeklopft werden.   Dieses radiale "An-

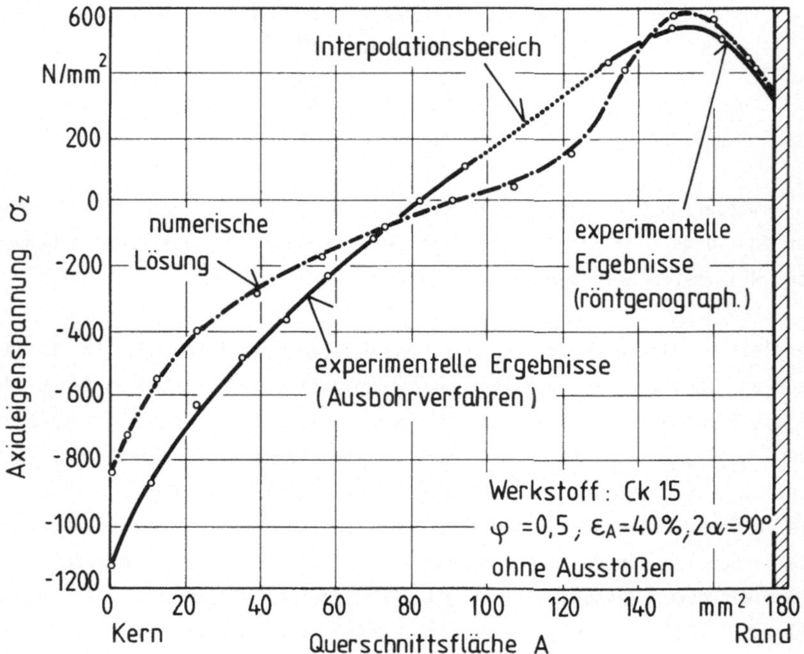

Bild 55. Vergleich zwischen experimentell und numerisch ermitteln Axialeigenspannungen (ohne Ausstoßen).

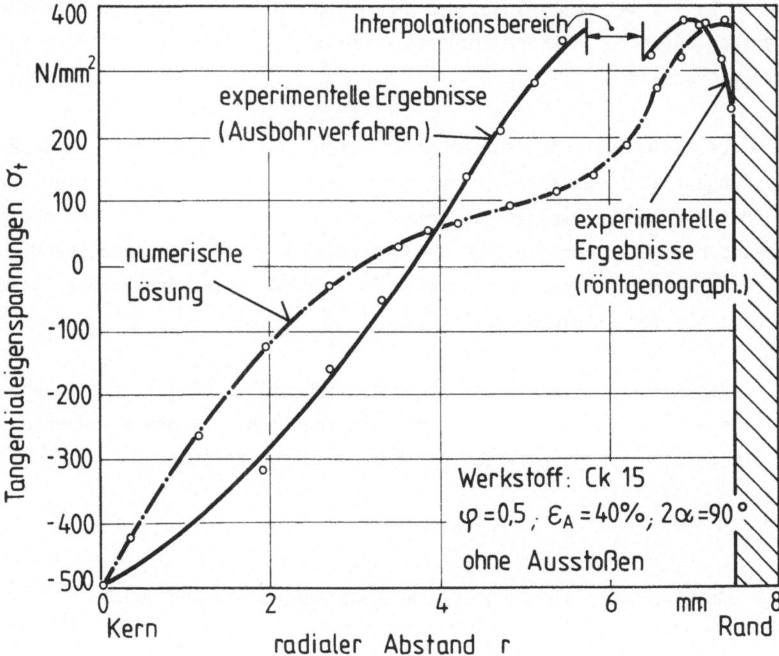

Bild 56. Vergleich zwischen experimentell ermittelten Tangentialeigenspannungen (ohne Aussstoßen).

klopfen" der Proben verursacht praktisch eine plastische Biegung im Werkstück und ändert deshalb den ursprunglichen Eigenspannungszustand mehr oder
weniger stark. Der Einfluß der Probenerwärmung von etwa 50° bis 55° C
konnte vernachlässigt werden, zumal die maßgeblichen Temperaturgradienten
an der Oberfläche vorliegen, wo die röntgenographisch gemessenen und berechneten Eigenspannungen gute Übereinstimmung zeigen.

In Bild 56 sind die berechneten und gemessenen Tangentialeigenspannungen
dargestellt. Werden die mechanisch und rontgenographisch gemessenen Span-
nungsverlaufe extrapoliert, so kann festgestellt werden, daß diese Kurven
nicht ineinander übergehen, wie es der Fall bei den Axialeigenspannungen
war. Bei einem radialen Abstand von r = 5,6 mm beträgt der Unterschied
zwischen den zwei Verlaufen etwa 100 N/mm². Derartige Abweichungen zwischen mechanisch und rontgenographisch gemessenen Eigenspannungen werden
stets auf die Tatsache zurückgefuhrt, daß die röntgenographischen Eigen-

spannungswerte auch die Eigenspannungen II. Art enthalten [99]. Im vorliegenden Fall kommt noch hinzu, daß die mechanischen Eigenspannungsmessungen - bedingt durch den kleinen Probendurchmesser - ungenauer sind als die rontgenographischen.

Die Übereinstimmung zwischen den berechneten und röntgenographisch gemessenen Tangentialeigenspannungen ist zufriedenstellend. Die absoluten Unterschiede zwischen den mechanisch gemessenen und berechneten Tangentialeigenspannungen sind in der gleichen Größenordnung wie bei den Axialspannungen. Die relativen Unterschiede sind aber in Bild 56 wesentlich größer als dies der Fall bei den Axialkomponenten war.

Die in den Bildern 55 und 56 angegebenen theoretisch ermittelten Spannungsverläufe wurden auf die Erfüllung des Gleichgewichts geprüft. Hierzu ist für die axialen Eigenspannungen die Bedingung zu überprüfen

$$\int_A \sigma_z \, dA = 0 \tag{96}$$

und entsprechend für die tangentialen Komponenten die Bedingung

$$\int_R \sigma_t \, dr = 0 \ . \tag{97}$$

Dabei ist A der Probenquerschnitt, und R der Probendurchmesser. Die Integrationen wurden numerisch mit Hilfe der Simpsonschen Regel durchgeführt. Bei den axialen Spannugen ergaben sich als Summe der Druckkräfte - 26.101 N und als Summe der Zugkräfte 26.122 N. Der Fehler in der Gl. (96) betrug somit 21 N oder 0,08 %. Für die tangentialen Spannungen wurden bezogene Druckkräfte in Höhe von -661,3 N/mm, und bezogene Zugkräfte in Höhe von 667,1 N/mm berechnet. Somit beträgt die auf die Probenlänge bezogene Ungleichgewichtskraft ca. 6 N/mm oder 0,9 %. Diese Kontrolle zeigt, daß die berechneten Eigenspannungswerte eine ausreichende Genauigkeit aufweisen. Darüberhinaus ist festzustellen, daß der relative Gleichgewichtsfehler in den tangentialen Spannungen um eine Größenordnung über dem der axialen Komponenten liegt.

In Bild 57 ist schließlich ein Vergleich zwischen den Berechnungen und Messungen für ein ausgeworfenes Fließpreßteil wiedergegeben. Betrachtet man zunächst nur die experimentellen Ergebnisse, so ist festzustellen, daß sich durch das Auswerfen im Kern der Probe (vgl. mit Bild 55) lediglich gering-

fügige Änderungen ergeben, wogegen sich die Eigenspannungen im Randbereich
merklich reduziert haben.

Bei der Berechnung des Eigenspannungsverlaufes wurde das Fließpreßteil
durch den Fließbund ausgestoßen, dessen Durchmesser um 0,002 mm kleiner war
als der während des Fließpreßvorganges.   Dieser Rückfederungsbetrag der
Matrize am Fließbund wurde aufgrund der Messungen des Fließpreßschaftes vor
und nach dem Ausstoßen gewählt. Aus dem Bild 57 ist zu erkennen, daß die
im ausgestoßenen Fließpreßschaft berechneten Eigenspannungen sich im Kern
der Probe nur geringfügig von denen im nichtausgestoßenen Werkstück unterscheiden.   Wie auch durch die Messungen bestätigt wird, sind aber diese
Unterschiede im Randbereich wesentlich hoher. Zum Vergleich ist in Bild 57
für den Randbereich auch der Spannungsverlauf (experimentell) in der Probe
unmittelbar nach dem Fließpressen angegeben.

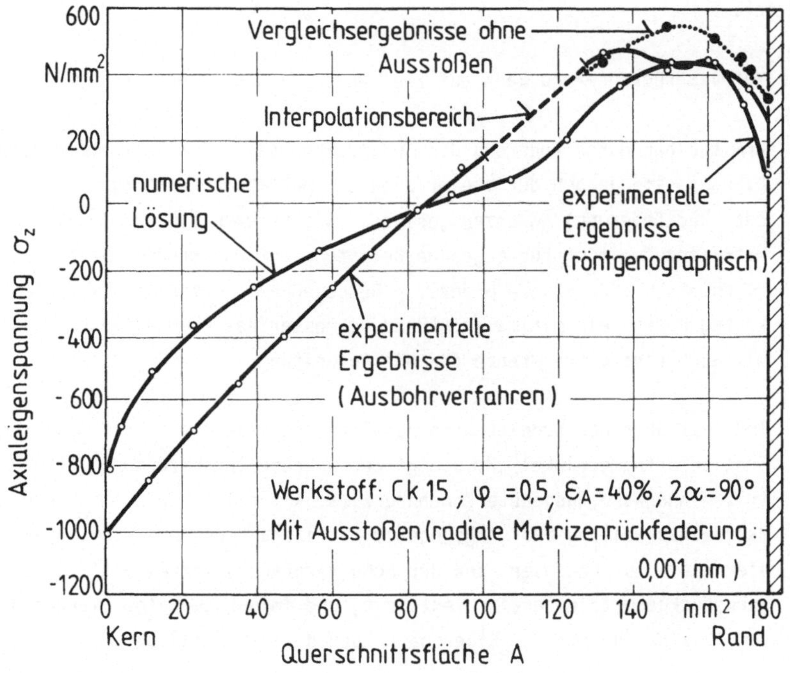

Bild 57. Vergleich zwischen experimentell und numerisch ermittelten Axial-
          spannungen (mit Ausstoßen).

In diesem Kapitel sollen die gewonnenen Erkenntnisse über die Eigenspannungen in umgeformten Werkstücken in Hinblick auf eine technologische Anwendung bewertet werden. Hierbei werden nur die Durchdrückverfahren die den Zweiwegverfahren zuzuordnen sind, d. h. Verjüngen, VVFP und HVFP, betrachtet.

Die durch den eigentlichen Umformvorgang induzierten Eigenspannungen werden beim obligatorischen Auswerfen der Teile aus der Matrize i. allg. abgebaut (s. Kapitel 5 und 6). Der erzielte Eigenspannungsabbau ist abhängig von der elastischen Rückfederung der Matrize am Fließbund. Durch eine Ruckfederung, die einer nachträglichen relativen Querschnittsabnahme in der Größenordnung von mehreren Zehnteln Prozent entspricht, wird der stärkste Eigenspannungsabbau erzielt (Bild 39 und 43). Für zu kleine Ruckfederungsbeträge ist der Eigenspannungsabbau vernachlässigbar; bei zu großen Rückfederungen jedoch können u.U. höhere Eigenspannungen auftreten als vor dem Auswerfen.

Die Matrizenrückfederung kann auf zwei Wegen gesteuert werden:

1. Unmittelbar durch Änderung des Außendurchmessers des Schrumpfverbandes; hierbei sind jedoch der beeinflußbaren Matrizenaufweitung (und somit der Rückfederung) Grenzen gesetzt. Wie Leykamm [107] zeigte, hat die Matrizenaufweitung für gegebene Belastung mit wachsendem Matrizenaußendurchmesser eine untere Grenze. Demgegenüber existiert aus Festigkeitsgründen ein minimaler Außendurchmesser des Preßverbandes, und somit auch eine obere Grenze für die Aufweitung.

2. Indirekt über den Schulteröffnungswinkel der Matrize. Mit wachsendem Schulteröffnungswinkel 2α steigt der während der Umformung auf die Matrizeninnenwand ausgeübte Innendruck (s. Kapitel 4) und somit auch die Matrizenaufweitung bei vorgegebenem Matrizenaußendurchmesser. Aber auch hier ist zu beachten, daß der Schulteroffnungswinkel evtl. durch die Werkstückgeometrie bereits festliegt, und im übrigen eine Vergrößerung von 2α eine Zunahme der Eigenspannungen bewirkt (Bild 35).

Für die Fälle, bei denen die genannten Maßnahmen die Matrizenrückfederung nicht in den gewünschten Wertebereich überführen, besteht die Möglichkeit, den Eigenspannungsabbau mit Hilfe eines Stützbundes (s. Kapitel 6, Bild 53 und 54) zu erreichen. Obwohl der eigentliche Zweck des Stützbundes das Verhindern der Durchbiegung der gepreßten Schäfte ist, kann er auch zur Verminderung der Eigenspannungen verwendet werden. Dabei ist zu beachten, daß der am Ende des Fließpreßvorganges zwischen dem Fließbund und Stützbund sich befindende Schaftbereich nicht durch den Stützbund beeinflußt werden kann, d. h. in diesem Bereich würde der Eigenspannungszustand erhalten bleiben.

Generell ist festzuhalten, daß durch das Auswerfen bzw. durch die Verwendung eines Stützbundes kein Vorzeichenwechsel in den Eigenspannungen zu erwarten ist; ausgenommen davon sind die Randbereiche von Fließpreßteilen bei großen Umformgraden, für welche die Randeigenspannungen vor dem Auswerfen geringfügig im Zuggebiet liegen.

Bei den o. g. Überlegungen stand der Abbau von Eigenspannungen im Vordergrund. Dies ist - unabhängig vom Vorzeichen der Eigenspannungen - immer dann gerechtfertigt, wenn im betrieblichen Einsatz das Werkstückversagen durch Einsetzen einer bleibenden Verformung oder durch einen Sprödbruch gegeben ist. Der Eigenspannungsabbau ist auch dann gerechtfertigt, wenn im Randbereich der Werkstücke Zugeigenspannungen vorliegen (dies ist beim Verjüngen immer, Bild 41, beim VVFP für φ < ca. 1,0 , Bild 52, und beim HVFP für φ < ca. 0,7, Bild 47 der Fall), und somit die Gefahr von Spannungsrißkorrosion bzw. von Versagen durch Dauerbruch besteht.

Liegen aber im Randbereich des Werkstückes Druckeigenspannungen nach der eigentlichen Umformung vor, und ist eine Streckgrenzenverminderung unbedeutend bzw. besteht keine Sprödbruchgefahr, so sind die hinsichtlich Spannungsrißkorrosion und Dauerfestigkeit nützlichen Druckeigenspannugen beizubehalten. Dies ist z. B. der Fall beim VVFP mit großen Umformgraden (Bild 52) oder beim HVFP mit φ > ca. 0,7 (Bild 47). In diesen Fällen ist der spannungsmindernde Einfluß des Auswerfens unerwunscht, so daß die Matrizen so steif wie möglich (großer Außendurchmesser) ausgelegt werden sollten und der Stützbunddurchmesser größer gewählt werden sollte als der Werkstückenddurchmesser.

Bei der qualitativen Abschätzung der Eigenspannungen (ohne Auswerfen) können folgende allgemeingültige Regeln herangezogen werden:

o   Ein Zuwachs im Umformgrad bewirkt beim Verjüngen eine Zunahme, und beim
    VVFP eine Abnahme der Eigenspannungen (für das HVFP konnten innerhalb
    der untersuchten Verfahrensparameter keine Tendenzen festgestellt wer-
    den).

o   Beim VVFP nehmen die Eigenspannungen

    -   mit zunehmender Reibung,

    -   mit zunehmendem Verfestigungsexponenten (d. h. z. B. zunehmendem
        Kohlenstoffgehalt) und

    -   mit zunehmendem Schulteröffnungswinkel (im beschränkten Umfang)

    zu.

Die theoretische Ermittlung der Eigenspannungen in umgeformten Werkstücken
erfordert ein Rechenverfahren, daß den Umformvorgang - gekennzeichnet durch
ein nichtlineares Werkstoffverhalten, sowie große Formänderungen und Drehungen - simulieren kann und dabei die elastischen Dehnungen mitberücksich-
tigt. Letzteres führt in Zusammenhang mit großen (d. h. nicht infinitesimalen) Verschiebungen und Verzerrungen zu nichtlinearen kinematischen Gesetzmäßigkeiten. Unter diesem Aspekt wurden im Anhang die Grundlagen der
nichtlinearen Kinematik behandelt und die Konsequenzen für eine umformtechnische Anwendung gezogen. Im gleichem Kapitel wurde das Prandtl-Reußsche
Stoffgesetz hergeleitet und physikalisch interpretiert.

Das bekannte Variationsprinzip nach McMeeking und Rice [47] wurde - anders
als in [47] - ausgehend vom fundamentalen Prinzip der virtuellen Verschiebungen (Arbeit) hergeleitet. Dabei konnte gezeigt werden, daß die strenge
Geschwindigkeitsform das Prinzips der virtuellen Geschwindigkeiten (Leistung) in Verbindung mit dem Prandtl-Reußschen Stoffgesetz zu einer unsymmetrischen Steifigkeitsmatrix bei einer Finite-Element-Diskretisierung
führt. Für die in der umformtechnischen Praxis üblichen Werkstoffe läßt
sich sich aber das Gleichungssystem in guter Näherung symmetrisieren.

Für die räumliche und zeitliche Diskretisierung der Problemstellung wurde
weitgehend auf vorhandene Ansatze aus dem Schrifttum zurückgegriffen. Als
Lösungsverfahren wurde eine iterative / inkrementelle "updated" (mitgehende) Lagrangesche Formulierung gewählt. Es zeigte sich, daß die Anwendung
des selbskorrigierenden (inkrementellen) Verfahrens für die geometrische
Nichtlinearität in Verbindung mit dem Verfahren der Mittelpunktsteifigkeit
(iterativ/inkrementell) für die materielle Nichtlinearität hinsichtlich des
Rechenaufwandes sehr wirtschaftlich ist.

Die theoretische Überprüfung bestatigte die Richtigkeit des Rechenverfahrens innerhalb der klassischen Kontinuumsmechanik. Der Vergleich mit der
elementaren Plastizitätstheorie am Beispiel der Siebelschen Umformkraftbe-
rechnung beim VVFP zeigte eine Verbesserungsmöglichkeit des elementaren
Ansatzes auf. Vergleichsrechnungen mit anderen Näherungsverfahren, wie
z. B. einer "starr-plastischen" Finite-Element Formulierung, deutete darauf hin, daß das entwickelte Rechenverfahren auch bei der ausschließlichen
Analyse der Umformzone wirtschaftlich anwendbar ist.

Die Gegenüberstellung der experimentell bestimmten Eigenspannungen mit den berechneten ergab eine befriedigende Übereinstimmung, zumal die technischen als auch theoretischen Mängel der angewandten mechanischen und róntgenographischen Meßverfahren teilweise erheblich sind.

Hinsichtlich der Umformeigenspannungen wurden die Verfahren VVFP, Verjüngen, HVFP und Drahtziehen untersucht. Zusammen mit den Abhängigkeiten der Eigenspannungen von verschiedenen Vorgangsparametern konnten die unterschiedlichen Möglichkeiten einer Eigenspannungsoptimierung aufgezeigt werden. Die Berechnung extrem großer Umformgrade und/oder Schulteröffnungswinkel konnten mangels geeigneter Verfahren für die Neugenerierung des Finite-Element-Netzes nicht durchgeführt werden.

Die Entwicklung eines effizienten, aber vor allem korrekten Netzneugenerierungs-Verfahrens für das "elastisch-plastische" Rechenverfahren sollte Gegenstand zukünftiger Arbeiten werden. Hierbei ist ein besonderes Augenmerk auf die korrekte Übertragung ("Interpolation") der Zustandsgrößen vom alten auf das neue Netz zu richten.

Eine weitere   - nach Auffassung des Verfassers sehr wichtige - Weiterentwicklung ist im Bereich des Stoffgesetzes erforderlich. Hier ist der Einbezug kinematischer oder sogar anisotroper Verfestigung im Hinblick auf die Analyse einer Vorgangs<u>folge</u> unerläßlich. Ob diese Entwicklung mit einfachen Stoffgestzen (die mit einer annehmbaren Zahl von experimentellen Kennwerten auskommen) möglich ist, sei dahingestellt.

Die programmtechnische wie auch die theoretische Erweiterung des Rechenverfahrens auf dreidimensionale Problemstellungen ist ohne Schwierigkeiten möglich. Angesichts der neuen Rechnergeneration, wie z. B. der CRAY 1M und CRAY 2M, ist die Wirtschaftlichkeit derartiger Berechnungen bereits heute gegeben.

SCHRIFTTUM

[1]   Macherauch, E.; Wohlfahrt, H.; Wolfstieg, U.: **Zur zweckmäßigen Definition von Eigenspannungen.** HTM 28 (1973) 3, S. 201 - 211.

[2]   Brinksmeier, E. u. a.: **Residual Stresses - Measurement and and Causes in Machining Processes.** Annals of the CIRP 31/2 (1982), S. 491 - 510.

[3]   Dieter, G. E.: **Mechanical Metallurgy.** 2. Auflage, Tokio: McGraw-Hill Kogakusha, 1976.

[4]   Macherauch, E.: **Bewertung von Eigenspannungen.** In: Eigenspannungen. Entstehung - Berechnung - Messung - Bewertung. Oberursel: Deutsche Gesellschaft für Metallkunde e. V., 1980, S. 41 - 67.

[5]   Hauk, V.: **Eigenspannungen. Ihre Bedeutung für Wissenschaft und Technik.** In: Eigenspannungen. Entstehung - Messung - Bewertung, Bd. I. Oberursel: Deutsche Gesellschaft für Metallkunde e. V., 1983, S. 9 - 48.

[6]   Wohlfahrt, H.: **Zum Eigenspannungsabbau bei der Schwingbeanspruchung von Stählen.** HTM 28 (1973), S. 288 - 293.

[7]   Macherauch, E.; Kloos, K. H.: **Bewertung von Eigenspannungen.** In: Eigenspannungen und Lastspannungen (HTM-Beiheft), München / Wien: Carl Hanser, 1982, S. 175 - 194.

[8]   N. N.: **X-Ray Stress Analyser.** Application Report. Sonderdruck der Rigaku Corporation, Nr. AED29A, 1981.

[9]   Peiter, A.: **Werkstückverzug durch Eigenspannungsänderung.** Werkstattstechnik 57 (1967) 6, S. 266 - 272.

[10]   Neubauer, A.; Eichhorn, A.; Y v. N.: **Nachformen durch wechselnde Biegebeanspruchung - Methode zur Reduzierung von Makroeigenspannungen und Formabweichungen bei der Weiterverarbeitung von Leichtprofilen.** Fertigungstechnik und Betrieb, Berlin 32 (1982) 3, S. 147 - 150.

[11]   Denis, S.; Simon, A.; Beck, G.: **Analysis of the Thermomechanical Behaviour of Steel during Martensitic Quenching and Calculation of Internal Stresses.** In: Eigenspannungen. Entstehung - Messung - Bewertung, Bd. I. Oberursel: Deutsche Gesellschaft fur Metallkunde e. V., 1983, S. 211 - 238.

[12]   Lehmann, T.: **Einige Betrachtungen zu den Grundlagen der Umformtechnik.** Habilitationsschrift, TH Hannover, 1959.

[13]   Ostermann, M.: **Das Aufreißen von Messing.** Metallwirtschaft, Metallwissenschaft, Metalltechnik 10 (1931) 17, S. 329 - 337.

[14]   Bühler, H.; Kreher, P.-J.: **Beitrag zur Frage der Eigenspannungen in gezogenen Stahldrähten.** Draht 19 (1968) 8, S. 531 - 537.

[15]   Kreher, P.-J.: **Beitrag zur Frage der Eigenspannungen beim Kaltziehen von Drähten und Rohren.** Dr.-Ing.-Diss., TH Hannover, 1967.

[16]   Modlen, G. F.; Stark, R. A.: **Eigenspannungen in kaltgezogenen und stranggepreßten Stäben.** Draht, 35 (1984) 3, S. 97 - 101.

[17]   Schepers, A.; Peiter, A.: **Untersuchung der technologischen Eigenschaften und Eigenspannungen gezogener Automatenstähle.** Stahl und Eisen 79 (1959) 6, S. 337 - 349.

[18]   Vannes, A.; Thierry, P.: **Effects of Die Characteristics on the Strength and Residual Stresses during Wire Drawing.** J. of Mechanical Working Technology 5 (1981), S. 251 - 266.

[19]   Bühler, H.; Schulz, E. H.: **Die Verminderung der beim Kaltziehen in Stangen entstehenden Eigenspannungen.** Stahl und Eisen 70 (1950) 25, S. 1147 - 1152.

[20]   Bühler, H.: **Die Verminderung von Eigenspannungen in kalt gezogenen Werkstücken durch Prägepolieren.** Stahl und Eisen 71 (1951) 10, S. 521 - 522.

[21]   Dahl, W.; Mühlenweg, H.: **Eigenspannungen und Verfestigung beim Rohrziehen.** Stahl und Eisen 84 (1964) 20, S. 1250 - 1260.

[22]   Bühler, H.; Kreher, P.-J.: **Die Verminderng von Eigenspannungen in kaltgezogenen Rohren durch Nachziehen.** Bänder Bleche Rohre 9 (1968) 8, S. 481 - 486.

[23]   Frisch, J.; Thomsen, E. G.: **Residual Stresses in Cold Extruded Aluminum.** Trans. ASME 79 (1957) 1, S. 155 - 160.

[24]   Midha, P. S.; Modlen, G. F.: **Cold Extruded Rods: Mechanical Properties and Residual Stresses.** In: Preprints der 4. Internationalen Tagung Kaltumformung, VDI, Düsseldorf, 1970, S. 231 - 266.

[25]   Osakada, K.; Shiraishi, N.; Oyane, M.: **Residual Stresses in Hydrostatically Extruded Copper Rod.** J. of the Institute of Metals, 99 (1971), S. 341 - 344.

[26]   Miura, S.; Saeki, Y.; Matushita, T.: **Residual Stresses in Hydrostatically Extruded Carbon Steel Rods.** Metals and Materials 10 (1973), S. 441 - 447.

[27]   Midha, P. S.; Modlen, G. F.: **Residual Stresses in Cold Extruded Rods.** Metals Technology (1976) 4, S. 202 - 207.

[28]   Dorfschmidt, E.: **Eigenspannungsuntersuchungen beim Voll-Vorwärts-Kaltfließpressen von Stahl.** Dr.-Ing.-Diss., Universität Hannover, 1982.

[29]   Bühler, H.; Kreher, P.-J.: **Einfaches Verfahren zum Ermitteln von Eigenspannungen in Drähten.** Arch. Eisenhüttenwesen 39 (1968) 7, S. 545 - 551.

[30]   Böklen, R.: **Einige Beobachtungen an Stählen bei reiner, statischer Biegung.** Z. für Metallkunde (1951) 42, S. 170 - 174.

[31]   Siebel, E.; Mühlhauser, W.: **Eigenspannungen beim Tiefziehen.** Mitt. Forschungsgesellschaft Blechverarbeitung (1954) 21, S. 241 - 244.

[32]   Finckenstein, E. v.; Herold, U.: **Vergleichende Eigenspannungsmessungen und -berechnungen an Tiefziehteilen.** Blech Rohre Profile 29 (1982) 3, S. 108 - 112.

[33]   Weiergräber, M.; Gräber, A.: **Werkstoffeigenschaften dünnwandiger tiefgezogener Näpfe aus nichtrostenden austenitischen Stahlblechen.** Blech Rohre Profile 32 (1985) 1/2, S. 77 - 82.

[34]   Siebert, D.: **Beitrag zur Frage der Eigenspannungen in warmgewalzten Breitflanschträgern.** Dr.-Ing.-Diss., Universität Hannover, 1973.

[35]   Finckenstein, E. v.; Milcke, F.: **Weiterführende Untersuchungen zur Ermittlung der Längseigenspannungen in walzprofilierte Kaltprofilen.** Forschungsberichte des Landes Nordrhein-Westfalen, Nr. 2852. Hrsg. Minister für Wissenschaft und Forschung.   Opladen: Westdeutscher Verlag, 1979.

[36]   Nyashin, Y. I.: **Control of Residual Stress Level in Hot Rolled Sections.** Steel in the USSR 10 (1980) 6, S. 319 - 320.

[37]   Peiter, A.: **Theoretische und experimentelle Ermittlung von Torsionseigenspannungen.** Materialprüfung 6 (1964) 1, S. 11 - 17.

[38]   Sokolovskij, V. V.: **Theorie der Plastizität.**   Berlin: VEB Verlag Technik, 1955.

[39]   Nadai, A.: **Theory of Flow and Fracture of Solids,** Bd. 2.   New York / Toronto / London: McGraw-Hill, 1963.

[40]   Lange, K. (Hrsg.): **Lehrbuch der Umformtechnik,** Bd. 3 (Blechumformung). Berlin / Heidelberg / New York: Springer, 1975.

[41]   Boer, R. de; Bruhns, O.: **Zur Berechnung der Eigenspannungen bei einem durch endliche Biegung verformten inkompressiblen Plattenstreifen.** Acta Mechanica 8 (1969), S. 146 - 159.

[42]   Moufang, R. v.: **Strenge Berechnung der Eigenspannungen, die in plastisch aufgeweiteten Hohlzylindern nach der Entlastung zurückbleiben.** Z. Angewandte Mathematik und Mechanik 28 (1948) 3, S. 33 - 42.

[43]   Lee, C. H.; Iwasaki, H.; Kobayashi, S.: **Calculation of Residual Stresses in Plastic Deformation Processes.** J. of Engineering for Industry, Trans. of the ASME 2 (1973), S. 283 - 291.

[44]   Sokolov, I. A.; Turova, S. L.: **The Variational Principle of Virtual Variations of Stress Applied to Derive Residual Stresses in Drawing.** Russian Metallurgy (Metally) 2 (1980), S. 95 - 100.

[45]   Saito, K.; Shimahashi, Y.: **Residual Stresses in Deep Drawn Cups and Sunk Tubes.** In: Metal Forming Plasticity, Hrsg. H. Lippmann, Berlin / Heidelberg / New York: Springer, 1978. S. 53 - 65.

[46]   Zienkiewicz, O. C.; Valliappan, S.; King, I. P.: **Elasto-Plastic Solutions of Engineering Problems 'Initial Stress', Finite Element Approach.** Int. J. Num. Meth. Engg. 1 (1969), S. 75 - 100.

[47]   McMeeking, R. M.; Rice, J. R.: **Finite-Element Formulations for Problems of Large Elastic-Plastic Deformation.** Int. J. Solids Structures 11 (1975), S. 601 - 616.

[48]   Hill, R.: **Some Basic Principles in the Mechanics of Solids without a Natural Time.** J. Mech. Phys. Solids 7 (1959), S. 209 - 225.

[49]   Lee, E. H.; Mallett, R. L.: **Stress and Deformation Analysis of the Metal Extrusion Process.** Comp. Meth. Appl. Mech. Eng. 10 (1977), S. 339 - 353.

[50]   Yamada, Y.; Hirakawa, H.: **Large Deformation and Instability Analysis in Metal Forming Processes.** In: Application of Numerical Methods to Metal Forming Processes, Hrsg. H. Armen u. a., New York: ASME, 1978, S. 27 - 38.

[51]   Key, S.; Krieg, R. D.; Bathe, K.-J.: **On the Application of the Finite Element Method to Metal Forming Processes - Part I.** Comp. Meth. Appl. Mech. Eng. 17/18 (1979), S. 597 - 608.

[52]   Argyris, J. H.; Doltsinis, J. St.: **On the Large Strain Inelastic Analysis in Natural Formulation. Part I: Quasi-static Problems.** Comp. Meth. Appl. Mech. Eng. 20 (1979), S. 213 - 251.

[53]   Doltsinis, J. St.: **Zur natürlichen Formulierung inelastischer Probleme endlicher Verformungen.** Dr.-Ing.-Diss., Universität Stuttgart, 1980.

[54]   Lee, E. H.: Elastic-Plastic Deformation at Finite Strains. J. Applied Mechanics, Trans. ASME 36 (1969) 3, S. 1 - 6.

[55]   Argyris, J. H.; Doltsinis, J. St.; Pimenta, P. M.; Wustenberg, H.: **Thermomechanical Response of Solids at High Strains - Natural Approach.** Comp. Meth. Appl. Mech. Engg. 32 (1982), S. 3 - 57.

[56]   Wertheimer, T. B.: **Problems in Large Deformation Elasto-Plastic Analysis Using the Finite-Element Method.** Ph. D. - Thesis, Stanford University, 1982.

[57]   Srinivasan, R.; Hartley, C. S.: **Computer Simulation of Residual Stresses in Extrusion.** In: Proceedings of the NAMRC-XIII, May 1985, S. 159 - 163.

[58]   Malvern, L. E.: **Introduction to the Mechanics of a Continuos Medium.** Englewood Cliffs, New Jersey: Prentice-Hall, 1969.

[59]   Bathe, K.-J.: **Finite Element Procedures in Engineering Analysis.** Englewood Cliffs, New Jersey: Prentice-Hall, 1982.

[60]   Ramm, E.: **Geometrisch nichtlineare Elastostatik und Finite Elemente.** Habilitationsschrift, Universität Stuttgart, 1976.

[61]   Tekkaya, A. E.; Roll, K.; Gerhardt, J.; Herrmann, M.; Du, G.: **Finite-Element-Simulation of Metal Forming Processes Using Two Different Material-Laws.** In: Proc. I. Int. Workshop on Simulation of Metal Forming Processes by the Finite-Element-Method (SIMOP-I), Stuttgart, Juni 1985, demnächst.

[62]   Schwarz, H. R.: **Methode der finiten Elemente.** Stuttgart: B. G. Teubner, 1980.

[63]   Zienkiewicz, O. C.: **The Finite Element Method.** London: Mc-Graw Hill, 1977.

[64]   Roll, K.: **Einsatz numerischer Näherungsverfahren bei der Berechnung von Verfahren der Kaltmassivumformung.** Berichte aus dem Institut

für Umformtechnik, Universität Stuttgart, Nr. 66, Berlin / Heidelberg / New York: Springer, 1982.

[65]   Gallagher, R. H.: **Finite Element Analysis, Fundamentals.** Englewood Cliffs, New Jersey: Prentice-Hall, 1975.

[66]   Yamada, Y.; Wifi, A. S.; Hirakawa, T.: **Analysis of Large Deformation and Stress in Metal Forming Processes by the Finite Element Method.** In: Metal Forming Plasticity, Hrsg. H. Lippmann, Berlin / Heidelberg / New York: Springer, 1979, S. 158-176.

[67]   Aktas, Z. u. a.: **Numerical Analysis.** Ankara: Middle East Technical University, 1973.

[68]   Wang, N.-M.; Tang, S. C.: **Applications of the Finite-Element-Method to Sheet Metal Flanging Operations.** In: Proc. I. Int. Workshop on Simulation of Metal Forming Processes by the Finite-Element-Method (SIMOP-I), Stuttgart, Juni 1985, demnächst.

[69]   Rice, J. R.; Tracey, D. M.: **Computational Fracture Mechanics.** In: Numerical and Computer Methods in Structural Mechanics, Hrsg. S. J. Fenves u. a.   New York / London: Academic Press, 1973, S. 599 - 601.

[70]   Du, G.: **Untersuchung über die numerische Genauigkeit der Berechnungen von Problemen der Kaltmassivumformung mit Hilfe der Methode der Finiten Elementen.** Diplomarbeit am Institut für Umformtechnik (unveröffentlicht), Universität Stuttgart, 1985.

[71]   Marcal, P. V.; King, I. P.: **Elastic-Plastic Analysis of Two-Dimensional Stress Systems by the Finite Element Method.** Int. J. Mech. Sci. 9 (1967), S. 143 - 155.

[72]   Yamada, Y.; Yoshimura, N.: **Plastic Stress-Strain Matrix and Its Application for the Solution of Elastic-Plastic Problems by the Finite Element Method.** Int. J. Mech. Sci. 10 (1968), S. 343 - 354.

[73] Krieg, R. D.; Krieg, D. B.: **Accuracies of Numerical Solution Methods for the Elastic-Perfectly Plastic Model.** J. Pressure Vessel
Technology, Trans. ASME 11 (1977), S. 510 - 515.

[74] Schreyer, H. L.; Kulak, R. F.; Kramer, J. M.: **Accurate Numerical
Solutions for Elastic-Plastic Models.** J. Pressure Vessel Technology, Trans. ASME 101 (1979) 8, S. 226 - 234.

[75] Nagtegaal, J. C.: **On the Implementation of Inelastic Constitutive
Equations with Special Reference to Large Deformation Problems.**
Comp. Meth. Appl. Mech. Engg. 33 (1982), S. 469 - 484.

[76] Mallett, R. L.: priv. Mitteilung.

[77] Hibbitt, H. D.; Marcal, P. V.; Rice, J. R.: **A Finite Element Formulation for Problems of Large Strain and Large Displacement.** Int.
J. Solids Structures 6 (1960), S. 1069 -1086.

[78] Lung, M.: **Ein Verfahren zur Berechnung der Geschwindigkeits- und
Spannungsfeldes bei stationären starr-plastischen Formänderungen
mit finiten Elementen.** Dr.-Ing.-Diss., TH Hannover, 1971.

[79] Nagtegaal, J. C.; Parks, D. M.; Rice, J. R.: **On Numerically Accurate Finite Element Solutions in the Fully Plastic Range.** Comp.
Meth. Appl. Mech. Engg. 4 (1974), S. 153 - 177.

[80] Hughes, T. J. R.; Winget, J.: **Finite Rotation Effects in Numerical
Integration of Rate Constitutive Equations Arising in Large-Defor-
mation Analysis.** Int. J. Num. Meth. Eng. 15 (1980), S. 1862 -
1867.

[81] Nester, W.; Pöhlandt, K.: **Ermittlung von Fließkurven in verschiedenen Ausführungsformen des Stauchversuches.** Rheologica Acta 21
(1982), S. 409 - 412.

[82] Gunasekera, J. S.; Havranek, J.; Littlejohn, M. H.: **The Effect of
Specimen Size on Stress-Strain Behaviour in Compression.** J. Engineering Materials and Technology, Trans. ASME 104 (1982) 10, S. 274
- 279.

[83]   Dung, N. L.; Erlmann, K.: **Die Berechnung der Metallumformung bei großen plastischen Formänderungen mit der Methode der Finiten Elemente.** Abschlußbericht I/34 210, Stiftung Volkswagenwerk, Dez. 1980.

[84]   Lange, K. (Hrsg.): **Umformtechnik, Handbuch für Industrie und Wissenschaft, Bd. 1 (Grundlagen), 2. Auflage.** Berlin / Heidelberg / New York / Tokyo: Springer, 1984.

[85]   Lange, K. (Hrsg.): **Lehrbuch der Umformtechnik, Bd. 2 (Massivumformung).** Berlin / Heidelberg / New York: Springer, 1974.

[86]   Kast, D.: **Untersuchungen über den Kraft- und Arbeitsbedarf sowie den Umformwirkungsgrad beim Vorwärts-Vollfließpressen von Stahl.** Berichte aus dem Institut für Umformtechnik, Universität Stuttgart, Nr. 3. Essen: Girardet, 1965.

[87]   Tekkaya, A. E.; Roll, K.: **Analysis of Metal Forming Processes by Different Finite Element Methods.** In: Numerical Methods for Nonlinear Problems, Hrsg. C. Taylor u. a. Swansea: Pineridge, 1984, S. 450 - 461.

[88]   Argyris, J. H. u. a.: **ASKA User's Reference Manual.** ISD-Report, Nr. 73, Revision F, Stuttgart, 1979.

[89]   Drexler, W.: **EDV-Programmsystem BETSY.** Forschungsvorhaben Nr. 209/245 der Forschungsvereinigung Verbrennungskraftmaschinen e. V., Erlangen, 1982.

[90]   Tekkaya, A. E.; Gerhardt, J.: **Residual Stresses in Cold-Formed Workpieces.** Annals of the CIRP 34/1 (1985), S. 225- 230.

[91]   Schmoeckel, D.: **Untersuchungen über die Werkzeuggestaltung beim Vorwärts-Hohlfließpressen von Stahl und Nichteisenmetallen.** Berichte aus dem Institut fur Umformtechnik, Universität Stuttgart, Nr. 4. Essen: Girardet, 1966.

[92]   Dohmann, F.;Traudt, O.; Jütte, F.; Gödde, B.: **Kaltfließpressen von geradverzahnten Werkstücken.** In: Neuere Entwicklungen in der Kalt-

massivumformung.   Stuttgart: Forschungsgesellschaft Umformtechnik
m. b. H., 1985, S. 17/1 - 17/34.

[93]   Schneider, E.; Goebbels, K.: **Zerstörungsfreie Bestimmung von Eigenspannungen mit Ultraschallverfahren.** In: Eigenspannungen. Enstehung - Messung - Bewertung, Bd. 2, Hrsg. E. Macherauch und V. Hauk.
Oberursel: Deutsche Gesellschaft für Metallkunde e. V., 1983, S. 69
- 82.

[94]   Altpeter, I.; Theiner, W. A.; Reimringer, B.: **Härte- und Eigenspannungsmessungen mit magnetischen zerstörungsfreien Prüfverfahren
(zfP).** In: Eigenspannungen. Enstehung - Messung - Bewertung,Bd. 2,
Hrsg. E. Macherauch und V. Hauk. Oberursel: Deutsche Gesellschaft
für Metallkunde e. V., 1983, S. 83 - 103.

[95]   Heyn, E.; Bauer, O.: **Über Spannungen in kaltgereckten Metallen.**
Z. Metallogr. 1 (1911), S. 16 - 50.

[96]   Sachs, G.: **Der Nachweis innerer Spannungen in Stangen und Rohren.**
Z. Metallkunde 19 (1927) 9, S. 352 - 357.

[97]   Bühler, H.; Schreiber, W.: **Zur lückenlosen Bestimmung eines Eigenspannungszustandes in metallischen Vollzylindern.** Metall 8 (1954)
17/18, S. 687 - 691.

[98]   Macherauch, E.: **Stand und Perspektiven der röntgenographischen
Spannungsmessung - Teil I.** Metall 34 (1980) 5, S. 443 - 452.

[99]   Peiter, A. (Hrsg.): **Eigenspannungen I. Art. Ermittlung und Bewertung.** Düsseldorf: Michael Triltsch, 1966.

[100]   Macherauch, E.: **Röntgenographische Spannungsmessungen, ihre Grundlagen und Anwendungen.** Lehrgang Röntgen- und Elektronenbeugung, Nr.
5431/01.006, Technische Akademie Esslingen, Esslingen, Dez. 1981.

[101]   Macherauch, E.; Müller, P.: **Das $\sin\psi^2$-Verfahren der röntgenographischen Spannungsmessung.** Z. angew. Physik 13 (1961), S. 305 -
312.

[102]   Blumenauer, H. (Hrsg.):   **Werkstoffprüfung.**   Leibzig: VEB-Verlag,
        1977.

[103]   Moore, M. G.; Evans, W. P.:   **Mathematical Correction for Stress in
        Removed Layers in X-Ray Diffraction Residual Stress Analysis.** SAE
        Trans. 66 (1958), S. 340 - 345.

[104]   Schwab, W.:   **Ermüdungsverhalten von Fließpreßteilen.**   In: Neuere
        Entwicklungen in der Massivumformung. Stuttgart: Forschungsgesell-
        schaft Umformtechnik m. b. H., 1985, S. 5/1 - 5/17.

[105]   Horlacher, U.:   **Experimentelle Ermittlung von Verformungseigenspan-
        nungen in VVFP-Teilen.** Studienarbeit am Institut für Umformtechnik
        (unveröffentlicht), Universität Stuttgart, 1984.

[106]   Kling, E.:   **Aufweitung von Fließpreßmatrizen mit überlagerter ther-
        mischer und mechanischer Beanspruchung.** Berichte aus dem Institut
        fur Umformtechnik, Universitat Stuttgart, Nr. 81. Berlin / Heidel-
        berg / New York / Tokyo: Springer, 1985.

[107]   Leykamm, H.:   **Beitrag zur Arbeitsgenauigkeit des Kaltmassivumfor-
        mens.** Berichte aus dem Institut für Umformtechnik, Universität
        Suttgart, Nr. 57. Berlin / Heidelberg / New York: Springer, 1980.

[108]   Hill, R.:   **The Mathematical Theory of Plasticity.** Oxford: Clarendon
        Press, 1985.

[109]   Eringen, A. C.:   **Mechanics of Continua.** New York / London / Synd-
        ney: John Wiley & Sons, 1967.

[110]   Becker, E.; Burger, W.:   **Kontinuumsmechanik.**   Stuttgart: B. G.
        Teubner, 1975.

[111]   Ismar, H.; Mahrenholtz, O.:   **Technische Plastomechanik.**   Braun-
        schweig: Friedr. Vieweg & Sohn, 1979.

[112]   Eringen, A. C. (Hrsg.): **Continuum Physics.** New York / San Fran-
        cisco / London: Academic Press, Vol. II, 1975.

- 140 -

[113] Oden, J. T.: **Finite Elements of Nonlinear Continua.** New York: McGraw-Hill, 1972.

[114] Prager, W.: **Einführung in die Kontinuumsmechanik.** Basel / Stuttgart: Birkhäuser, 1961.

[115] Lubarda, V. A.: **Elastic-Plastic Deformation at Finite Strain.** Ph. D. - Thesis, Stanford University, 1980.

[116] Kachanov, L. M.: **Fundamentals of the Theory of Plasticity.** Moskau: MIR Publishers, 1974.

[117] Marques, J. M. M. C.: **Stress Computation in Elastoplasticity.** Engineering Computations 1 (1984) 1, S. 42 - 51.

[118] Bland, D. R.: **The Associated Flow Rule of Plasticity.** J. Mech. Phy. Solids 6 (1957),S. 71 - 78.

[119] Dieterle, K.: **Faltenbildung als Verfahrensgrenze beim Stauchen von Hohlkörpern.** Berichte aus dem Institut für Umformtechnik, Universität Stuttgart, Nr. 30. Essen: Girardet, 1975.

[120] Owen, D. R. J.; Hinton, E.: **Finite Elements in Plasticity: Theory and Practice.** Swansea: Pineridge, 1980.

ANHANG A: <u>GRUNDLAGEN DER NICHTLINEAREN KONTINUUMSMECHANIK</u>

In diesem Kapitel sollen die für die Herleitung der in Kapitel 3 zu beschreibenden Formulierung erforderlichen Grundlagen zusammengefaßt und interpretiert werden. Nach den Notationsvereinbarungen werden die kinematischen Grundlagen und die Beschreibung des elastisch-plastischen Werkstoffverhaltens behandelt.

A.1 <u>NOTATIONSVEREINBARUNGEN</u>

Es werden folgende allgemeingültige Notationsregeln vereinbart:

o   Tensorielle Größen zweiter Stufe werden zweimal unterstrichen, z. B. $\underline{\underline{T}}$
    und $\underline{\underline{E}}$.

o   Tensorielle Größen erster Stufe (Vektoren) werden einmal unterstrichen,
    z. B. $\underline{f}$.

o   Tensorielle Größen nullter Stufe (Skalare) werden nicht unterstrichen.

Für die mathematische Beschreibung von Sachverhalten wird die dyadische
Arithmetik benutzt.

Es wird weiterhin vereinbart, daß kartesische Matrizen mit einer eckigen
Klammer (d. h. [ ]) und kartesische Vektoren mit einer geschweiften Klammer (d. h. { }) dargestellt werden.

A.2 <u>NICHTLINEARE KINEMATIK</u>

In der Kontinuumsmechanik wird der mikrostrukturelle Aufbau der Materie
ignoriert, d. h. die Materie wird als ein von Leerstellen und Poren freies
Kontinuum betrachtet. Ein materieller "Punkt" in diesem Kontinuum stellt
hierbei ein infinitesimales Volumen der Materie dar. Grundsätzlich wird
angenommen, daß alle mathematischen Funktionen an einem derartigen materiellen Punkt (mit Ausnahme einiger singularer Punkte) stetig sind, und

somit auch alle Ableitungen bis zur erforderlichen Ordnung stetig sind und existieren.

Im Hinblick auf die Beschreibung des Werkstoffverhaltens ist das primäre Ziel der Kontinuumsmechanik die Erfassung der relativen Bewegung materieller Punkte zueinander in einem unter äußeren Kräften stehenden Kontinuum. Sind die absoluten Beträge der Bewegung gering, führt die Kontinuumsmechanik zu linearen Beziehungen, wie z. B. in der infinitesimalen Elastizitätstheorie. Sind jedoch die absoluten und/oder relativen Bewegungen groß, wie dies in der Umformtechnik der Fall ist, ergeben sich nichtlineare Beziehungen zur Beschreibung der Kinematik des Werkstoffverhaltens.

In diesem Abschnitt soll zuerst die Erfassung relativer Bewegungen im Kontinuum erläutert, und danach sollen die unterschiedlichen Maße zur Beschreibung innerer Kräfte, d. h. Spannungen, beschrieben werden. In allen Betrachtungen werden thermische Einflüsse vernachlässigt. Auch die Art der Materie ist für die nachfolgende Behandlung ohne Bedeutung.

A.2.1 Endliche Verzerrungen

Man betrachte zwei Konfigurationen eines Körpers zu den Zeitpunkten t^o und t (Bild 58). Die endliche Bewegung wird beschrieben durch

$$\underline{x} = \underline{x} (\underline{x}^o , t) . \qquad (A1)$$

Hierin beschreibt $\underline{x}^o$ den Ort eines beliebigen materiellen Punktes P^o zum Zeitpunkt t^o, und $\underline{x}$ den Ort des gleichen Punktes zum Zeitpunkt t.

Das Ziel ist es nun, die Verzerrungen in der Umgebung des Punktes P zwischen den Zeitpunkten t^o und t zu bestimmen.

Ein infinitesimaler materieller Vektor $d\underline{x}$ läßt sich auf seine ursprüngliche Gestalt zum Zeitpunkt $t = t^o$ anhand Gl. (A1) mit Hilfe der Kettenregel wie folgt beziehen:

$$d\underline{x} = \underline{\underline{F}} \cdot d\underline{x}^o, \qquad (A2)$$

worin $\underline{\underline{F}}$ den Deformationsgradienten

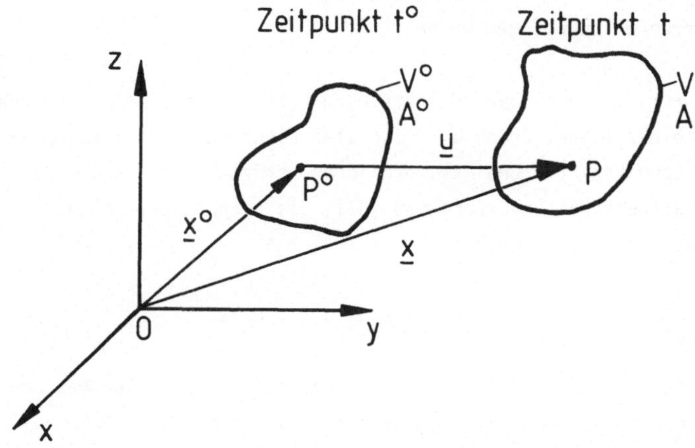

Bild 58. Zwei Konfigurationen eines Körpers zu den Zeitpunkten t^o und t.

$$\underline{\underline{F}} \; = \; \underline{x} \, \underline{\nabla}^o \tag{A3}$$

darstellt. In Tensorschreibweise läßt sich die Dyade in kartesischen Koor-
dinate schreiben als

$$F_{ij} \; = \; \partial x_i \, / \, \partial x_j^o \; . \tag{A4}$$

Für die Gleichungen (A1) bis (A4) ist folgendes zu beobachten:

o   Alle Gleichungen sind fur eine _endliche_ Verschiebung $\underline{u}$ (= $\underline{x}$ - $\underline{x}^o$) gül-
    tig;

o   Es wird nur die infinitesimale Umgebung eines materiellen Punktes be-
    trachtet. Hat z. B. $d\underline{x}^o$ eine endliche Länge, so liefert Gl. (A2) einen
    Vektor $d\underline{x}$, dessen Lange nicht unbedingt der des materiellen Vektors $d\underline{x}^o$
    entspricht;

o   Die Beziehung (A1) ist eindeutig und umkehrbar, was gleichbedeutend ist
    mit der Tatsache, daß keine Materie erzeugt oder vernichtet werden
    kann;

o   Der Deformationsgradient $\underline{\underline{F}}$ ist <u>kein</u> Maß fur Verzerrungen in der Umgebung eines materiellen Punktes, da er neben den Verzerrungen auch die Starrkörperbewegungen enthält.

Ein Maß für die endlichen Verzerrungen (frei von Starrkorperbewegungen) läßt sich herleiten, indem die absoluten Längen der materiellen Vektoren zu den Zeitpunkten t^o und t verglichen werden. Hier soll das sogenannte Green-Lagrangesche Verzerrungsmaß [58], das sich in der Fachwelt durchgesetzt hat, definiert werden:

$$(ds)^2 - (ds^o)^2 = 2\ d\underline{x}^o \cdot \underline{\underline{E}} \cdot d\underline{x}^o. \tag{A5}$$

Hier sind ds^o und ds die absoluten Längen der materiellen Vektoren $d\underline{x}^o$ und $d\underline{x}$, und $\underline{\underline{E}}$ der Green-Lagrangesche Verzerrungstensor.

$\underline{\underline{E}}$ läßt sich mit Gl. (A2) anhand des Deformationsgradienten $\underline{\underline{F}}$ darstellen als

$$\underline{\underline{E}} = (\ \underline{\underline{F}}^T \cdot \underline{\underline{F}} - \underline{\underline{I}}\ ) / 2 \tag{A6}$$

Der aus der Ingenieurpraxis bekannte infinitesimale Dehnungstensor $\underline{\underline{\varepsilon}}$ unterscheidet sich vom endlichen Verzerrungstensor durch die Beziehung

$$\underline{\underline{E}} = \underline{\underline{\varepsilon}} + (\ \underline{\underline{\varepsilon}} \cdot \underline{\underline{\varepsilon}} + 2\ \underline{\underline{R}} \cdot \underline{\underline{\varepsilon}} + \underline{\underline{R}} \cdot \underline{\underline{R}}\ ) / 2 \ . \tag{A7}$$

Hierin ist

$$\underline{\underline{\varepsilon}} = (\ \underline{u}\,\nabla^o + \nabla^o\underline{u}\ ) / 2 \tag{A8}$$

und

$$\underline{\underline{R}} = (\ \underline{u}\,\nabla^o - \nabla^o\underline{u}) / 2 \ . \tag{A9}$$

Aus den Beziehungen (A7) bis (A9) geht hervor, daß der Dehnungstensor $\underline{\underline{\varepsilon}}$ nur dann näherungsweise dem endlichen Verzerrungstensor $\underline{\underline{E}}$ entspricht, wenn die Dehnungen $\underline{\underline{\varepsilon}}$ <u>und</u> die Rotationen $\underline{\underline{R}}$ hinreichend klein sind. Sind diese Bedingungen nicht erfüllt, so beschreibt der infinitesimale Dehnungstensor $\underline{\underline{\varepsilon}}$ nicht die tatsächlichen Verzerrungen.

Da das plastische Verhalten von Metallen eine starke Abhängigkeit von der Verformungsgeschichte zeigt, sind die endlichen Verzerrungstensoren (wie z. B. Green-Lagrangescher, Almansischer etc.) als Maß für die "interne" Geometrieanderung nicht geeignet. Die endlichen Verzerrungstensoren ignorieren die Verformungsgeschichte zwischen zwei betrachteten Konfigurationen eines Körpers. Aus diesem Grund beruhen die Ansätze der klassischen höheren Plastizitätstheorie auf "Verzerrungsänderungen", [108]. Deshalb ist es erforderlich, neue Verzerrungsmaße einzuführen, wie z. B. den Tensor der Verzerrungsgeschwindigkeiten $\underline{\underline{D}}$:

Betrachtet man ein Streckenelement ds in der infinitesimalen Umgebung eines materiellen Punktes $\underline{x}$, so gilt, [109]:

$$d\,(ds)^2/\,dt = 2\,\underline{dx} \cdot \underline{\underline{L}} \cdot \underline{dx} \;. \tag{A10}$$

Hierin ist $\underline{\underline{L}}$, der Geschwindigkeitsgradient, definiert als

$$\underline{\underline{L}} = \underline{v}\,\underline{\nabla} \;. \tag{A11}$$

Dies läßt sich aufspalten in zwei Anteile:

$$\underline{\underline{L}} = (\,\underline{\underline{L}} + \underline{\underline{L}}^T\,)\,/\,2 \;+\; (\,\underline{\underline{L}} - \underline{\underline{L}}^T\,)\,/\,2 \;=\; \underline{\underline{D}} + \underline{\underline{W}} \;. \tag{A12}$$

Da jedoch der Drehgeschwindigkeitstensor $\underline{\underline{W}}$, schiefsymmetrisch ist, ergibt sich aus (A10) und (A12)

$$d\,(ds)^2/\,dt = 2\,\underline{dx} \cdot \underline{\underline{D}} \cdot \underline{dx} \;. \tag{A13}$$

Es ist aus Gl. (A13) zu ersehen, daß $\underline{\underline{D}}$ ein Maß für die augenblicklichen Verzerrungsänderungen im Punkt $\underline{x}$ des Körpers zum Zeitpunkt t ist. Physikalisch lassen sich die Normalkomponenten von $\underline{\underline{D}}$ als die "Streckungsgeschwindigkeit" eines materiellen Vektors, und die Schiebungskomponenten als die Hälfte der Anderungsgeschwindigkeit des Winkels zwischen zwei materiellen Vektoren interpretieren. Ahnlich kann der Drehgeschwindigkeitstensor $\underline{\underline{W}}$ als die Starrkorperrotation interpretiert werden, mit der sich die Hauptachsen des Verzerrungstensors $\underline{\underline{D}}$ augenblicklich drehen, [110].

Nun ist die Frage zu beantworten, warum die Änderung der endlichen Verzerrungstensoren, z. B. $\underline{\underline{E}}$, und/oder des Dehnungstensors $\underline{\underline{\varepsilon}}$ für die Analyse des plastischen Werkstoffverhaltens nicht geeignet sind.

Die Geschwindigkeitsform des Green-Lagrangeschen Verzerrungstensors läßt sich herleiten als

$$d\,\underline{\underline{E}}\,/\,dt = \underline{\underline{F}}^{\mathsf{T}}\cdot\underline{\underline{D}}\cdot\underline{\underline{F}} \quad . \tag{A14}$$

Aus dieser Beziehung läßt sich erkennen, daß $d\underline{\underline{E}}/dt$ den auf den Ausgangszustand bezogenen Verzerrungsgeschwindigkeitstensor $\underline{\underline{D}}$ entspricht. Die bekannten Stoffgesetze der Plastizitätstheorie beziehen sich jedoch stets auf den aktuellen Formänderungszustand des Körpers. Aus diesem Grund ist die Geschwindigkeitsform des Green-Lagrangeschen Verzerrungstensors nicht für die unmittelbare Anwendung in einem Werkstoffgesetz geeignet.

Der Dehnungsgeschwindigkeitstensor $d\underline{\underline{\varepsilon}}/dt$ läßt sich mit Gl. (A8) schreiben als

$$d\,\underline{\underline{\varepsilon}}\,/\,dt = (\ \underline{v}\,\underline{\nabla}^{\mathrm{o}} + \underline{\nabla}^{\mathrm{o}}\,\underline{v}\ )\,/\,2 \quad . \tag{A15}$$

Der Verzerrungsgeschwindigkeitstensor $\underline{\underline{D}}$ ist aber

$$\underline{\underline{D}} = (\ \underline{v}\,\underline{\nabla} + \underline{\nabla}\,\underline{v}\ )\,/\,2 \tag{A16}$$

für das in Bild 58 dargestellte Problem. Obwohl beide Tensoren ähnlich aussehen, ist auch hier der wichtige Unterschied der Referenzsysteme zu beachten: In Gl. (A15) ist das Referenzsystem fur die Differentiation durch den "unverformten" Ausgangszustand gegeben, in Gl. (A16) hingegen durch den aktuellen ("verformten") Zustand. Deshalb ist es nur sinnvoll, mit $d\underline{\underline{\varepsilon}}/dt$ zu arbeiten, wenn - und nur wenn - die Verzerrungen klein sind (s. Gl.(A7)). Demgegenüber ist für $\underline{\underline{D}}$ keinerlei Beschrankung bezüglich der Größe der Verzerrungen bzw. Verzerrungsgeschwindigkeiten gegeben. Aus diesem Grund ist der Dehnungsgeschwindigkeitstensor $d\underline{\underline{\varepsilon}}/dt$ für die Analyse großer Formänderungen nicht geeignet.

Abschließend zu diesem Thema soll noch eine Verbindung zum in der Umformtechnik häufig verwendeten Begriff des "Umformgrades" (auch "logarithmische Dehnung" genannt) hergestellt werden.

Der Umformgrad φ_v wird im einachsigen Zugversuch definiert als

$$\varphi_v = \int d\varphi_v = \int_{l_o}^{l} dl \,/\, l = \ln(\, l \,/\, l_o \,) \ .\tag{A17}$$

Der Integrale Wert φ_v ist ein Maß für die einachsige homogene Formänderung, welche die Formänderungsgeschichte berücksichtigt. Seine physikalische Bedeutung ist in der Fließkurve zu suchen. Eine geometrische Interpretation von φ_v anhand endlicher Verzerrungstensoren existiert nicht, was gleichbedeutend ist mit der Aussage, daß φ_v geometrisch nicht interpretierbar ist.

Das Inkrement des Umformgrades, $d\varphi_v$, hingegen, läßt sich dem Verzerrungsgeschwindigkeitstensor $\underline{\underline{D}}$ für einen einachsigen homogenen Verzerrungszustand zuordnen durch

$$d\varphi_v = D_{11} \cdot dt \ .\tag{A18}$$

Eine dreidimensionale Verallgemeinerung des Begriffs des Umformgradinkrementes ist gegeben durch

$$d\underline{\underline{\Phi}} = \underline{\underline{D}} \cdot dt \ .\tag{A19}$$

$d\underline{\underline{\Phi}}$ ist ein Tensor und konnte als Verzerrungsinkrementtensor bezeichnet werden. Dieser Tensor ist ebenso ein Maß für die augenblickliche Verzerrungen - ohne Einschrankung auf die Größe der Verzerrungen bzw. Verzerrungsinkrementen - wie $\underline{\underline{D}}$.

Der Zusammenhang zwischen φ_v und $\underline{\underline{D}}$ ist gegeben durch die Definition von "Vergleichsformänderungsinkrementen" (s. Abschnitt A.3), wie

$$\varphi_v = \int d\varphi_v = \int_t \Upsilon(\,\underline{\underline{D}}\,)\, dt \ ,\tag{A20}$$

d. h. auch für dreidimensionale Verzerrungszustände ist der Skalar φ_v das jenige Maß der Formänderungen, das die Verformungsgeschichte berücksichtigt. Die dreidimensionale Verallgemeinerung von φ_v, wie z. B. uber Gl. (A19)

$$\underline{\underline{\Phi}} = \int_t d\underline{\underline{\Phi}}\tag{A21}$$

liefert physikalisch und geometrisch sinnlose Werte. Darüber hinaus ist $\underline{\underline{\Phi}}$ kein Tensor!

A.2.2 Kinematische Definitionen von Spannungen

Der Grund für die Behandlung der Spannungen im Abschnitt "Kinematik" liegt darin, daß hier die Definitionen und Interpretationen von unterschiedlichen inneren Kräftemaßen hinsichtlich des Bewegungszustandes des Kontinuums erstellt werden sollen. Diese "kinematisch" neu definierten Spannungsmaße werden dann in der Formulierung des Losungsschemas (siehe Kapitel 3) zur Anwendung kommen. Der sehr wichtige Begriff der Spannungsgeschwindigkeiten soll hingegen im Abschnitt A.3 behandelt werden, da hierfür das in diesem Abschnitt zu erörternde Axiom der Objektivität berücksichtigt werden muß.

Der vollständige Spannungszustand $\underline{\underline{T}}$ an einem materiellen Punkt $\underline{x}$ ist ein Tensor (zweiter Stufe). Aus der Sicht der mathematischen Interpretation eines Tensors hat dies zur Folge, daß $\underline{\underline{T}}$ ein Operator ist, der einem Vektor einen ganz bestimmten anderen Vektor zuordnet, [58]. Für $\underline{\underline{T}}$ besteht diese Zuordnung ist folgender Form:

$$\underline{t} = \underline{\underline{T}} \cdot \underline{n} \quad \text{bzw.} \quad \underline{df} = \underline{\underline{T}} \cdot \underline{n} \, dA \tag{A22}$$

Hierin ist $\underline{n}$ der Einheitsvektor der Normalen zum infinitesimalen Flächenelement dA im Punkt P (s. Bild 59), und $\underline{t}$ der Spannungsvektor. Obwohl die Interpretation von $\underline{\underline{T}}$ durch Gl. (A22) trivial erscheinen mag, ergibt sich die folgende wichtige Schlußfolgerung:

"Dem Spannungstensor $\underline{\underline{T}}$ ist sowohl eine Kraft (hier: $\underline{t}$ dA) als auch eine gerichtete Fläche (hier: $\underline{n}$ dA) zuzuordnen."

Betrachtet man nun innerhalb einer Bewegung (Bild 58) die o. g. Schlußfolgerung, so wird ersichtlich, daß unterschiedliche Maße für die inneren Kräfte erstellt werden konnen. Der in Gl. (A22) definierte Spannungstensor $\underline{\underline{T}}$ ist hierfür lediglich eine Alternative: Hier beziehen sich die Fläche $(\underline{n}$ dA) und die Kraft $(\underline{t}$ dA) auf den aktuellen (verformten) Zustand des Körpers zum Zeitpunkt t. Dieser Spannungstensor wird in der Ingenieurpraxis als die "wahre" Spannung bezeichnet. Alternativ wird $\underline{\underline{T}}$ auch als Cauchy-

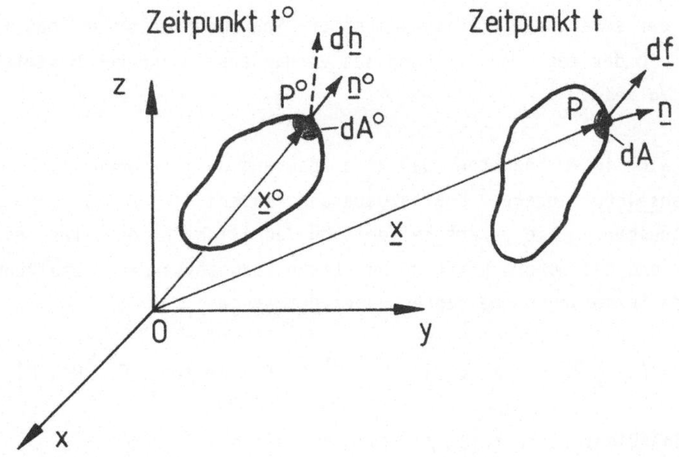

Bild 59. Kinematische Definition von Spannungen.

bzw. Euler-Spannung bezeichnet. Dieser Spannungstensor ist symmetrisch, solange keine "inneren" Momente auftreten, [110].

Eine alternative Definition der inneren Kräfte könnte aber auch erhalten werden, wenn anstatt der Fläche ($\underline{n}$ dA) die Flache ($\underline{n}^o dA^o$) benutzt würde:

$$d\underline{f} = \underline{\underline{S}} \cdot \underline{n}^o \, dA^o \qquad (A23)$$

Hierin bezeichnet $\underline{\underline{S}}$ den sogenannten 1. Piola – Kirchhoff (Lagrangeschen) Spannungstensor. Dieser Tensor ist in der Regel unsymmetrisch. Die Transponierte von $\underline{\underline{S}}$, d. h. $\underline{\underline{S}}^T$, wird auch als der "nominelle" bzw. "ingenieurmä-ßige" Spannungstensor bezeichnet.

Eine weitere Moglichkeit, den Spannungszustand an einem materiellen Punkt $\underline{x}$ zum Zeitpunkt t zu definieren, ist gegeben über den "hypothetischen" Kraft-vektor $d\underline{h}$ (siehe Bild 59), der geschrieben werden kann als:

$$d\underline{h} = \underline{\underline{F}}^{-1} \cdot d\underline{f} \qquad (A24)$$

worin $\underline{\underline{F}}$ gegeben ist durch Gl. (A2). Somit gilt

$$dh = H \cdot n^o \, dA^o. \qquad\qquad (A25)$$

H ist der sogenannte 2. Piola-Kirchhoff Spannungstensor und hat die Eigenschaft, in der Regel (d. h. ohne das Vorhandensein innerer Momente) symmetrisch zu sein.

Es ist wichtig zu beachten, daß alle Spannungsdefinitionen (T, S und H) ein und denselben "inneren" Kräftezustand am materiellen Punkt x zum Zeitpunkt t beschreiben. Sie unterscheiden sich lediglich in den fur die Flache (n dA) und die äußere Kraft df benutzten Bezugssystemen. Sie können durch folgende Beziehungen ineinander uberfuhrt werden:

$$T = (\rho / \rho^o) \, F \cdot S \; ; \; S = H \cdot F^T \; ; \; T = (\rho / \rho^o) \, F \cdot H \cdot F^T \qquad (A26)$$

wobei das Dichteverhältnis ρ / ρ^o sich schreiben läßt als

$$\rho^o/\rho = dV \; / \; dV^o = \det (\, F \,) = | \, F \, | = J \, . \qquad\qquad (A27)$$

J ist die sogenannte Jacobi-Determinante. Aus den Gln. (A26) und (A27) wird auch der Begriff <<"kinematische" Definition von Spannungen>> deutlich, da im Prinzip der Deformationsgradient F die Kinematik repräsentiert. Für infinitesimale Verzerrungen und Verschiebungen gilt

$$F \approx I \quad \text{und} \quad J \approx 1 \qquad\qquad (A28)$$

Somit gilt für den Fall kleiner Verzerrungen und Verschiebungen $T \approx S \approx H$.

Abschließend soll noch der Kirchhoff-Spannungstensor G definiert werden. Betrachtet man das Tensorprodukt in Gl. (A26) im Hinblick auf krummlinige Koordinatensysteme, so kann festgestellt werden, daß dieses Produkt einer Koordinatentransformation entspricht, [109]. Der im krummlinigen ursprünglichen Koordinatensystem definierte Tensor H wird in das augenblickliche krummlinige (konvektive) Koordinatensystem transformiert, d. h.

$$G = F \cdot H \cdot F^T = J \, T \, . \qquad\qquad (A29)$$

Der somit transformierte 2. Piola-Kirchhoff-Spannungstensor wird als Kirchhoff-Spannungstensor bezeichnet. Anhand des Zuordnungspaars Kraft und Flache läßt sich einfach zeigen, daß gilt

$$d\underline{g} = \underline{\underline{G}} \cdot \underline{n}\ dA \quad \text{und} \quad d\underline{g} = d\underline{f}\ J. \tag{A30}$$

A.3 ELASTISCH-PLASTISCHES STOFFGESETZ

Innerhalb einer vollständigen Formulierung des Verhaltens von Körpern unter äußeren und/oder inneren Kräften, stellt das Stoffgesetz die Verbindung zwischen den Gleichgewichtsbeziehungen und der Kinematik her, [111]. Es ist auch nur das Stoffgesetz, in das (experimentell ermittelte) Kennwerte des betrachteten Mediums eingehen. Im Zusammenhang mit dem elastisch-plastischen Verhalten metallischer Werkstoffe setzt sich das Stoffgesetz aus einer Fließbedingung, einer Fließregel und einer Beziehung für die Ausdehnung der Fließfläche (Verfestigung) zusammen.

Die moderne Theorie der Stoffgesetze [112] schrankt die mögliche Auswahl von Beziehungen durch eine Reihe von _heuristischen_ Axiomen stark ein. Bezüglich der in dieser Arbeit angewandten Formulierung (s. Kapitel 3) kommt hierbei dem Axiom der "Objektivität" ("Beobachterinvarianz", "Invarianz bzgl. des Bezugssystems") eine besondere Bedeutung zu, weshalb dieser Sachverhalt im Abschnitt A.3.1 entsprechend behandelt werden soll.

Im Abschnitt A.3.2 werden die klassischen Prandtl-Reuß-Beziehungen für ein elastisch-plastisches Werkstoffverhalten hergeleitet. Im Abschnitt A.3.3 wird schließlich eine Invertierung der klassischen Prandtl-Reuß-Fließregel, sowie deren Verallgemeinerung im Rahmen des Axioms der Objektivität vorgenommen.

A.3.1 Forderung der Objektivität

Die Behandlung der Konsequenzen aller Axiome fur Stoffgesetze ist im Rahmen dieser Arbeit nicht moglich, zumal nahezu alle Axiome (mit Ausnahme des Axioms der Objektivität) von den klassischen Prandtl-Reuß-Beziehungen erfüllt werden. Deshalb wird im nachfolgenden Abschnitt lediglich auf das Axiom der Objektivitat eingegangen.

A.3.1.1 Axiom der Objektivität

In seiner allgemeinsten Form lautet das Axiom der Objektivität [112,113]:

"Stoffgesetze müssen __forminvariant__ gegen Starrkörperbewegungen des Bezugssystems bzw. des Beobachters sein."

Mathematisch läßt sich diese Aussage fur zwei bewegte Bezugssysteme $\bar{x}$ und x darstellen, die sich durch eine Starrkörperdrehung $\underline{\underline{Q}}(t)$, eine Starrkörpertranslation $\underline{c}$ (t) sowie eine Zeitverschiebung ξ (= t - $\bar{t}$) unterscheiden. Daher gilt für einen materiellen Punkt $\underline{x}$:

$$\bar{\underline{x}} \, (\underline{x}^o, \bar{t}) = \underline{\underline{Q}}(t) \cdot \underline{x} \, (\underline{x}^o, t) + \underline{c}(t) \; . \tag{A31}$$

Mit Gl. (A31) lassen sich "objektive" Skalare, Vektoren und Tensoren definieren als

$$\bar{S} = S \;\; ; \;\; \bar{\underline{v}} = \underline{\underline{Q}}(t) \cdot \underline{v} \;\; ; \;\; \bar{\underline{\underline{B}}} = \underline{\underline{Q}}(t) \cdot \underline{\underline{B}} \cdot \underline{\underline{Q}}^T(t) \; . \tag{A32}$$

Es ist offensichtlich, daß alle Vektoren und Tensoren, die keine Zeitabhängigkeit aufweisen, automatisch objektiv sind. Man beachte, daß die Gln. (A31) und (A32) nicht eine "reine Transformation" der Größen von einem Koordinatensystem zum anderen darstellen, sondern vielmehr das Abbild eines Tensors $\underline{\underline{T}}$, wie es sich z. B. in dem gegenüber dem Koordinatensystem $\underline{x}$ __bewegten__ System $\bar{x}$ wahrnehmen läßt.

Ein allgemeines Stoffgesetz kann in Form eines Funktionals wie folgt dargestellt werden:

$$\underline{\underline{T}} \, (\underline{x}^o, t) = \mathcal{F} \, [\, \underline{x} \, (\tilde{\underline{x}}^o, \tilde{t}) \, , \underline{x}^o, t \,] \; . \tag{A33}$$

Die Verformungsgeschichte wird durch den Ausdruck $\underline{x} \, (\tilde{\underline{x}}^o, \tilde{t})$ berücksichtigt. Hier steht $\tilde{t}$ für die Vergangenheit, d. h. $0 < \tilde{t} < t$ und $\tilde{\underline{x}}^o$ kennzeichnet alle materiellen Punkte des betrachteten Körpers. Für die Gl. (A33) nimmt die Forderung der Objektivität die nachfolgende Form an:

$$\mathcal{F} \, [\, \underline{x} \, (\tilde{\underline{x}}^o, \tilde{t}) \, , \underline{x}^o, t \,] = \mathcal{F} \, [\, \bar{\underline{x}}^o(\tilde{\underline{x}}^o, \bar{\tilde{t}}) \, , \underline{x}^o, \bar{t} \,] \tag{A34}$$

Mit Gl. (A32) wird aus Gl. (A34) für ξ = 0 und $\underline{c}$ (t) = 0:

$$\underline{\underline{Q}}(t) \cdot \mathcal{F} \, [\, \underline{x}(\tilde{\underline{x}}^o, \tilde{t}) \, , \underline{x}^o, t \,] \cdot \underline{\underline{Q}}^T(t) = \mathcal{F} \, [\, \underline{\underline{Q}}(t) \cdot \underline{x}(\tilde{\underline{x}}^o, \tilde{t}) \, , \underline{x}^o, t \,] \; . \tag{A35}$$

Dies ist die Form der Objektivität von Stoffgesetzen, die für die Formulierung im Kapitel 3 maßgebend ist. Die Vernachlässigung der Zeitverschiebung ξ ist in diesem Fall ohne Einschränkung der Allgemeingültigkeit möglich, ebenso die Vernachlässigung der Translation $\underline{c}$ (t), da mit Hilfe des Axioms der lokalen Wirkung gezeigt werden kann, daß $\mathscr{C}$ lediglich von den Gradienten der Formänderungsgeschichte abhängig ist, [113].

Eine wichtige Konsequenz der Beziehung (A35) ist, daß ein zulässiges Stoffgesetz als Variablen nur objektive Größen (Vektoren bzw. Tensoren) beinhalten darf. Ferner ist festzustellen, daß das Axiom der Objektivität sich im vorliegenden Fall auf die Drehnung $\underline{\underline{Q}}$ (t) zweier Beobachtersysteme beschränkt.

A.3.1.2 Objektive Spannungsgeschwindigkeiten

Der Cauchy-Spannungstensor $\underline{\underline{T}}$ ist objektiv, wie leicht anhand der Gln. (A22) und (A32) gezeigt werden kann. Es gilt namlich:

$$\overline{\underline{\underline{T}}} = \underline{\underline{Q}} \ (t) \cdot \underline{\underline{T}} \cdot \underline{\underline{Q}}^T \ (t) \ , \tag{A36}$$

worin $\overline{\underline{\underline{T}}}$ und $\underline{\underline{T}}$ die Cauchy-Spannungstensoren im gedrehten Bezugssystem $\overline{\underline{x}}$ und im nicht gedrehten Bezugssystem $\underline{x}$ darstellen. Die materielle (substantielle) Zeitableitung der Gl. (A36) liest sich

$$\dot{\overline{\underline{\underline{T}}}} = \underline{\underline{Q}} \cdot \dot{\underline{\underline{T}}} \cdot \underline{\underline{Q}}^T + (\dot{\underline{\underline{Q}}} \cdot \underline{\underline{T}} \cdot \underline{\underline{Q}}^T + \underline{\underline{Q}} \cdot \underline{\underline{T}} \cdot \dot{\underline{\underline{Q}}}^T) \tag{A37}$$

Ein Vergleich mit der Objektivitatsbedingung für Tensoren (Gl. (A32)) zeigt, daß die Spannungsgeschwindigkeit $\dot{\underline{\underline{T}}}$ nicht objektiv ist (wegen der zusätzlichen Terme in Klammern in Gl. (A37)).

Physikalisch laßt sich diese Aussage folgendermaßen veranschaulichen: Man betrachte einen Korper mit dem durch gewisse außere Kräfte hervorgerufenen Spannungszustand $\underline{\underline{T}}$. Dreht man nun diesen Korper in einem festen Bezugssystem mitsamt seinen Kraften um eine Achse (ohne den Körper zu verformen bzw. die Krafte zu andern), dann wird entsprechend Gl. (A37) eine Spannungsanderung

$$\dot{\underline{\underline{T}}} = \dot{\underline{\underline{Q}}} \cdot \underline{\underline{T}} + \underline{\underline{T}} \cdot \dot{\underline{\underline{Q}}}^T \tag{A38}$$

verzeichnet, worin $\dot{\underline{\underline{Q}}}$ in diesem Fall dem Drehgeschwindigkeitstensor entspricht und $\underline{\underline{Q}} = \underline{\underline{I}}$ für den Augenblick des Drehbeginnes gilt, d. h. eine Starrkörperbewegung des betrachteten Kontinuums wurde eine scheinbare Spannungsänderung zur Folge haben, was physikalisch sinnlos ware, oder aber nicht "objektiv" ist! Die Benutzung eines derartige Spannungsanderungsmaßes in einem Stoffgesetz führt somit zu falschen Beanspruchungswerten, falls die lokalen Starrkörperdrehungen des Materials nicht vernachlassigbar sind, wie es ja in der Regel bei technischen Umformvorgängen der Fall ist.

Aus diesen Gründen besteht die Erfordernis, geeignete Maße für die Spannungsänderung (bzw. deren zeitliche Ableitung) zu finden, die dann in Stoffgesetzen angewandt werden können: Es kann einfach gezeigt werden, daß gilt:

$$\dot{\underline{\underline{Q}}} = \overline{\underline{\underline{W}}} \cdot \underline{\underline{Q}} - \underline{\underline{Q}} \cdot \underline{\underline{W}} \, . \tag{A39}$$

Nach Einsetzen von Gl. (A39) in Gl. (A37) ergibt sich

$$\dot{\overline{\underline{\underline{T}}}} - \overline{\underline{\underline{W}}} \cdot \overline{\underline{\underline{T}}} + \overline{\underline{\underline{T}}} \cdot \overline{\underline{\underline{W}}} = \underline{\underline{Q}} \cdot (\dot{\underline{\underline{T}}} - \underline{\underline{W}} \cdot \underline{\underline{T}} + \underline{\underline{T}} \cdot \underline{\underline{W}}) \cdot \underline{\underline{Q}}^{T}, \tag{A40}$$

und mit

$$\overset{*}{\underline{\underline{T}}} = \dot{\underline{\underline{T}}} - \underline{\underline{W}} \cdot \underline{\underline{T}} + \underline{\underline{T}} \cdot \underline{\underline{W}} \tag{A41}$$

erhält man die Objektivitätsbedingung

$$\overline{\overset{*}{\underline{\underline{T}}}} = \underline{\underline{Q}} \cdot \overset{*}{\underline{\underline{T}}} \cdot \underline{\underline{Q}}^{T} . \tag{A42}$$

Die Spannungsänderung $\overset{*}{\underline{\underline{T}}}$ ist die sogenannte Jaumannsche Ableitung des Cauchy-Spannungstensors $\underline{\underline{T}}$.[*] Wegen ihrer Objektivität (für eine Starrkörperbewegung bleibt sie identisch gleich Null) ist sie ein geeignetes Maß für die Verwendung in Stoffgleichungen.

Abschließend soll noch die Jaumannsche Änderungsgeschwindigkeit der Kirchhoff-Spannung definiert werden als:

---

[*] Von Prager [114] wird eine sehr anschauliche physikalische Herleitung von $\underline{\underline{T}}$ gegeben.

$$\overset{*}{\underline{\underline{G}}} = \overset{\bullet}{\underline{\underline{G}}} - \underline{\underline{W}} \cdot \underline{\underline{G}} + \underline{\underline{G}} \cdot \underline{\underline{W}} \, . \tag{A43}$$

Diese Spannungsänderung läßt sich mit der Cauchy-Spannungsänderung ausdrük-
ken als (s. Gl. (A29)):

$$\overset{*}{\underline{\underline{G}}} = J \overset{*}{\underline{\underline{T}}} + \overset{\bullet}{J} \underline{\underline{T}} \, . \tag{A44}$$

Für den Spezialfall, daß die aktuelle Konfiguration mit der Referenzkonfi-
guration zusammenfällt, ist $\underline{\underline{G}} = \underline{\underline{T}}$, da $J = 1$, aber

$$\overset{*}{\underline{\underline{G}}} = \overset{*}{\underline{\underline{T}}} + \overset{\bullet}{J} \underline{\underline{T}} \, . \tag{A45}$$

A.3.2 Stoffgesetz nach Prandtl-Reuß

Das Stoffgesetz nach Prandtl-Reuß beruht auf der grundsätzlichen Annahme,
daß gilt:

$$\underline{\underline{D}} = \underline{\underline{D}}^{el} + \underline{\underline{D}}^{pl} \tag{A46}$$

worin $\underline{\underline{D}}^{el}$ und $\underline{\underline{D}}^{pl}$ die elastischen und plastischen Anteile des gesamten
Verzerrungsgeschwindigkeitstensors $\underline{\underline{D}}$ sind. Diese lineare Aufspaltung von $\underline{\underline{D}}$
in elastische und plastische Anteile ist keineswegs trivial und selbstver-
ständlich. Wie Lubarda [115] gezeigt hat, ist die Annahme (A46) nur dann
kinematisch korrekt, wenn die Bedingungen

$$| \, \underline{\underline{D}}^{el} \, | \ll 1 \qquad \text{und} \qquad | \, \underline{\underline{W}}^{el} \, | \ll 1 \tag{A47}$$

erfüllt sind. Dies ist aber für metallische Werkstoffe in der Regel gegeben. Die Einschränkung durch die Beziehung (A47) erlaubt es auch, den elastischen Anteil der Verzerrungsgeschwindigkeit als die Geschwindigkeit eines endlichen Formänderungsmaßes (z. B. der Lagrangeschen Formänderungsgeschwindigkeit) zu interpretieren (s. Gl. (A14)). Somit ist es moglich, das
verallgemeinerte Hookesche Gesetz fur den elastischen Anteil anzuwenden.

Fur den elastischen Anteil von $\underline{\underline{D}}$ laßt sich somit schreiben

$$\underline{\underline{D}}^{el} = \overset{\bullet}{\underline{\underline{T}}}' /(2G) + (1 - 2\nu) \, \overset{\bullet}{T}_H \, \underline{\underline{I}} \, / \, E \tag{A48}$$

worin G den Schubmodul, E den Elastizitätsmodul, ν die Querkontraktionszahl, $\underline{\underline{T}}'$ den deviatorischen Anteil von $\underline{\underline{T}}$ und T_H die hydrostatische Spannung bezeichnen.

Für die Berechnung des plastischen Anteils von $\underline{\underline{D}}$ wird innerhalb der inkrementellen Plastizitätstheorie die Existenz einer "Fließfläche" vorausgesetzt, die zur folgenden "Fließbedingung" führt, [108]:

$$F\,(\,\underline{\underline{T}}\,,\vartheta\,) \leqslant\ 0. \tag{A49}$$

Für elastisches Stoffverhalten gilt:

$$F\,(\,\underline{\underline{T}},\vartheta\,) = 0 \quad \text{und} \quad (\partial F/\partial\underline{\underline{T}}\,) : \dot{\underline{\underline{T}}} < 0 \quad \text{bzw.}\ F\,(\,\underline{\underline{T}}\,,\vartheta\,) < 0. \tag{A50}$$

Für elastisch-plastisches Stoffverhalten hingegen gilt:

$$F\,(\,\underline{\underline{T}}\,,\vartheta\,) = 0 \quad \text{und} \quad (\partial F/\partial\underline{\underline{T}}\,) : \dot{\underline{\underline{T}}} \geqslant 0 \tag{A51}$$

In Gl. (A51) stehen das Gleichheitszeichen im zweiten Term für nichtverfestigende (idealplastische) Werkstoffe und das "größer"-Zeichen für verfestigende Werkstoffe. ϑ ist hierbei ein Maß für die Verfestigung, d. h. ein Maß für das Wachstum der Fließfläche im Spannungsraum und ist konstant für nichtverfestigende Werkstoffe.

Das Drucker'sche Postulat [116] über den stabilen Verfestigungszustand eines sich verformenden Stoffes führt schließlich zusammen mit den Gln. (A49) bis (A51) zu einer der Funktion F entsprechenden Fließregel:

$$\underline{\underline{D}}^{\,pl} = \dot{\lambda}\,(\,\partial F\,/\,\partial\underline{\underline{T}}\,) \tag{A52}$$

worin $\dot{\lambda}$ eine Skalare, nichtnegative und nichtkonstante Größe ist.

Setzt man für $F\,(\underline{\underline{T}}\,,\vartheta)$ die v. Misessche Fließbedingung ein, so schreibt sich Gl. (A51) als

$$F\,(\,\underline{\underline{T}}\,,\vartheta\,) = [\,\bar{\sigma}^2(\,\underline{\underline{T}}\,) - k_f^2\,(\vartheta)\,]\,/\,3\ = 0 \tag{A53}$$

mit

$$\bar{\sigma}^2\,(\underline{\underline{T}}) = [\,(T_{xx}-T_{yy})^2 + (T_{yy}-T_{zz})^2 + (T_{zz}-T_{xx})^2 + 6(T_{xy}^2 + T_{yz}^2 + T_{zx}^2)\,]/2 \qquad (A54)$$

für ein kartesisches Koordinatensystem x,y,z. $\bar{\sigma}$ ist die sogenannte Vergleichsspannung.

Damit kann die Fließregel vereinfacht werden zu

$$\underline{\underline{D}}^{pl} = \dot{\lambda}\,\underline{\underline{T}}' \qquad (A55)$$

Zur Bestimmung des noch unbekannten Skalars $\dot{\lambda}$ ist eine "Verfestigungshypothese" erforderlich. Hierfür stehen zwei Hypothesen zur Verfügung: die Formänderungshypothese und die Plastische-Arbeits-Hypothese, [117].

Laut der ersten Hypothese ist ϑ eine Funktion von φ_v, und nach der zweiten Hypothese eine Funktion der gesamten plastischen Arbeit W_{pl},

$$W_{pl} = \int_t \underline{\underline{T}} : \underline{\underline{D}}^{pl}\,dt\;. \qquad (A56)$$

Für die Fließbedingung nach v. Mises liefern beide Hypothesen identische Ergebnisse. Da jedoch die Plastische-Arbeits-Hypothese vom thermodynamischen Standpunkt aus allgemeiner ist [118], soll sie hier herangezogen werden. Gl.(A56) läßt sich schreiben als

$$\dot{W}_{pl} = \underline{\underline{T}} : \underline{\underline{D}}^{pl}\;. \qquad (A57)$$

Nach Gl. (A55) sind jedoch die Vektoren $\underline{\underline{T}}$ und $\underline{\underline{D}}^{pl}$ im Spannungsraum parallel, sodaß

$$\dot{W}_{pl} = \{T\}\cdot\{D^{pl}\} = \{T'\}\cdot\{D^{pl}\} = |\{T'\}|\cdot|\{D^{pl}\}| \qquad (A58)$$

geschrieben werden kann. Für $|\{T'\}|$ kann gesetzt werden

$$|\{T'\}| = \sqrt{2/3}\;\bar{\sigma}\,(\underline{\underline{T}})\;, \qquad (A59)$$

worin $\bar{\sigma}\,(\underline{\underline{T}})$ laut Definition (s. Gl. (A54)) der Vergleichsspannung im einachsigen Spannungszustand entspricht. Somit hat $\dot{\varphi}_v$, gegeben durch

$$|\{D^{pl}\}| = \sqrt{3/2}\;\dot{\varphi}_v = \sqrt{3/2}\,\sqrt{2\,\underline{\underline{D}}^{pl} : \underline{\underline{D}}^{pl}/3}\;, \qquad (A60)$$

der Hauptformänderungsgeschwindigkeit in Achsrichtung der wirkenden Spannung eines einachsigen Spannungszustandes zu entsprechen; man erhält

$$\dot{W}_{pl} = \bar{\sigma}\,(\underline{\underline{T}})\,\dot{\varphi}_v \quad \text{oder} \quad \dot{W}_{pl} = k_f\,\dot{\varphi}_v \;. \tag{A61}$$

Mit Gln. (55), (57) und (61) folgt

$$\dot{\lambda} = 3\,\dot{k}_f\,/\,[\,2\,k_f\,k_f'\,(\varphi_v)\,] \tag{A62}$$

mit

$$k_f' = d\,k_f\,/\,d\varphi_v\,\big|_{\varphi_v} \tag{A63}$$

der Steigung der Fließkurve für den Verfestigungszustand φ_v.

Mit Gln. (A62), (A55) und (A48) ist somit das Fließgesetz nach Prandtl-Reuß gegeben durch

$$\underline{\underline{D}} = \dot{\underline{\underline{T}}}'/(2G) + 3\beta\,\dot{k}_f\,\underline{\underline{T}}'\,/\,[\,2\,k_f\,k_f'\,(\varphi_v)\,] + (1-2\nu)\,\dot{T}_H\,\underline{\underline{I}}\,/\,E \tag{A64}$$

mit

$$\beta = \begin{cases} 0 & \text{für} \quad \bar{\sigma}\,(\underline{\underline{T}}) = k_f\,(\varphi_v) \quad \text{und}\ \dot{\bar{\sigma}}\,(\underline{\underline{T}}) < 0 \\ & \text{bzw.} \quad \bar{\sigma}\,(\underline{\underline{T}}) < k_f\,(\varphi_v) \\ 1 & \text{für} \quad \bar{\sigma}\,(\underline{\underline{T}}) = k_f\,(\varphi_v) \quad \text{und}\ \dot{\bar{\sigma}}\,(\underline{\underline{T}}) \geqslant 0 \end{cases} \tag{A65}$$

A.3.3 Invertierung und Verallgemeinerung des Prandtl-Reuß-Stoffgesetzes

Invertierung und Interpretation

Das Prandtl-Reußsche Stoffgesetz (Gl. (A64)) läßt sich nach einiger Rechnung umwandeln in

$$\underline{\underline{D}} = \left\{ \frac{1+\nu}{E}\,\underline{\underline{I}} - \frac{\nu}{E}\,\underline{\underline{I}}\,\underline{\underline{I}} + \beta\,\frac{9}{4\,k_f^2}\,\frac{\underline{\underline{I}}'\,\underline{\underline{I}}'}{k_f'\,(\varphi_v)} \right\} : \dot{\underline{\underline{T}}} = \underline{\underline{\underline{\underline{C}}}} : \dot{\underline{\underline{T}}} \tag{A66}$$

worin $\underline{\underline{\underline{\underline{C}}}}$ ein Tensor vierter Stufe ist. Der Tensor $\underline{\underline{\underline{\underline{C}}}}$ ordnet einem Tensor $\dot{\underline{\underline{T}}}$, den Spannungsgeschwindigkeiten, einen Tensor $\underline{\underline{D}}$, die Verzerrungsgeschwindig-

keiten, zu. Für die Formulierung im Kapitel 3 ist jedoch genau die umge-
kehrte Zuordnung, d. h.

$$\dot{\underline{T}} = \underline{\underline{\mathscr{L}}}^{-1} : \underline{D} \tag{A67}$$

erforderlich. Diese wichtige Beziehung wurde erstmals von Yamada **et al.** [72] aus Gl. (A64) hergeleitet und soll hier kurz erläutert werden:

Für $\dot{\underline{T}}$ gilt:

$$\dot{\underline{T}} = \dot{\underline{T}}' + \underline{I}\,\dot{T}_H. \tag{A68}$$

Aus dem dritten Glied der Gl. (A64) läßt sich einfach zeigen, daß

$$\underline{I}\,\dot{T}_H = \frac{E}{3\,(1-2\nu)} \, (\underline{I}\,\underline{I}\,) : \underline{D} \tag{A69}$$

ist. Schreibt man nun Gl. (A64) als

$$\underline{D}' = \dot{\underline{T}}'/(2G) + \beta\,\dot{\lambda}\,\underline{T}' \tag{A70}$$

oder mit Gl. (A62)

$$\dot{\lambda} = 2\,G\,(\underline{T}' : \underline{D}')\,/\,[\,2\,G\,\beta\,(\underline{T}': \underline{T}') + 4\,k_f^2\,k_f'\,/\,9\,]\,. \tag{A71}$$

Nach Einsetzen von Gl. (A71) in Gl. (A70) ergibt sich:

$$\dot{\underline{T}}' = 2\,G\,\left\{\underline{I} - \beta\,\underline{T}'\,\underline{T}'\,/\,[\,2\,k_f^2\,(1+ k_f'\,(\varphi_v)/(3G))/3\,]\right\} : \underline{D}'\,. \tag{A72}$$

Mit $\underline{T}' : \underline{D}' = \underline{T}' : \underline{D}$ erhält man somit aus (A72), (A69) und (A68) nach einiger Rechnung

$$\dot{\underline{T}} = 2\,G\,\left[\,\underline{I} + \frac{\nu}{1-2\nu}\,\underline{I}\,\underline{I} - \beta\,\frac{\underline{T}'\,\underline{T}'}{\frac{2}{3}\,k_f^2\,(1+\frac{1}{3G}\,k_f'\,(\varphi_v))}\,\right] : \underline{D}\,, \tag{A73}$$

und somit die gesuchte Beziehung (A67).

Der deviatorische Anteil der Fließregel, Gl. (A72), kann geometrisch interpretiert werden. Betrachtet man einen neundimensionalen Spannungsraum in $\underline{\underline{T}}'$, so läßt sich Gl. (A72) in Vektorform schreiben als

$$\{\dot{T}'\} = 2\,G\,\{D'\} - 2\,G\,\beta\;\frac{1}{1+\frac{1}{3G}\,k_f'\,(\varphi_v)}\;\left\{\frac{T'}{\sqrt{\frac{2}{3}}\,k_f}\right\}\left\{\frac{T'}{\sqrt{\frac{2}{3}}\,k_f}\right\}\cdot\left\{D'\right\}\,.\tag{A74}$$

Das zweite Glied der rechten Gleichungsseite läßt sich weiter vereinfachen, wenn Gln. (A71) und (A55) zusammengefaßt werden (mit $\beta = 1$):

$$\underline{\underline{D}}^{pl}\;=\;\frac{\underline{\underline{T}}' : \underline{\underline{D}}'}{\frac{2}{3}\,k_f^2\,(1+\frac{1}{3G}\,k_f')}\;\underline{\underline{T}}'\tag{A75}$$

Die vektorielle Schreibweise im neundimensionalen Spannungsraum ergibt:

$$\{D^{pl}\} = \frac{\left\{\frac{T'}{\sqrt{\frac{2}{3}}\,k_f}\right\}\cdot\{D'\}}{1+\frac{1}{3G}\,k_f'\,(\varphi_v)}\;\cdot\left\{\frac{T'}{\sqrt{\frac{2}{3}}\,k_f}\right\}\,.\tag{A76}$$

Hierin ist $\left\{T'\;/(\sqrt{2/3}\,k_f)\right\}$ der Einheitsvektor $\{n\}$, der senkrecht zur Fließfläche im deviatorischen Spannungsraum im Punkt $\{T'\}$ ist, d. h.:

$$\{D^{pl}\} = [\,\{n\}\;\frac{1}{1+\frac{1}{3G}\,k_f'(\varphi_v)}\;\{n\}\,]\;\cdot\{D'\}\,.\tag{A77}$$

Diese Beziehung liefert somit für einen gegebenen gesamten (elastisch + plastisch) deviatorischen Verzerrungsgeschwindigkeitstensor den entsprechenden plastischen Anteil. Ein Vergleich der Beziehungen (A74) bis (A77) ergibt somit:

$$\{\dot{T}'\}\;=\;2\,G\,\{D'\}\;-\beta\,2\,G\,\{D^{pl}\}\,,\tag{A78}$$

oder für $\beta = 1$:

$$\{\dot{T}'\}\;=\left\{\dot{T}'\right\}_g^{el}\;-\left\{\dot{T}'\right\}_{pl}^{el}\tag{A79}$$

worin $\left\{T'\right\}_g^{el}$ die deviatorische Spannungsänderung ist, die aus dem gesamten Verzerrungstensor berechnet wurde, als ob dieser elastisch wäre. Hingegen ist $\left\{\dot{T}'\right\}_{pl}^{el}$ die deviatorische Spannungsänderung, die aus dem plastischen Anteil des Verzerrungstensors berechnet wurde als ob dieser elastisch wäre. Diese interessanten Beziehungen sind in Bild 60 geometrisch dargestellt. Aus Bild 60 wird auch deutlich, daß $\left\{T'\right\}$ nur dann Tangente an die Fließfläche ist, wenn der Werkstoff sich nicht verfestigt, d. h. $k'_f = 0$ ist.[*]

Verallgemeinerung

Das Stoffgesetz in Gln. (A73) und (A65) entspricht mit $\underline{\mathcal{E}}$, dem Dehnungsgeschwindigkeitstensor (s. Gl.(A15)), anstatt $\underline{D}$ den klassischen Prandtl-Reuß-Beziehungen. Dieses Stoffgesetz lag einer Fülle von numerischen Untersuchungen zugrunde [64, 119, 120] u.v.a. und lieferte zum größten Teil auch brauchbare Ergebnisse. Bei den erwähnten Untersuchungen handelte es sich hierbei um sogenannte kleine Dehnungsprobleme, für die sowohl die Formänderungen als auch die Drehungen klein sind. Die Einschränkungen für kleine Formänderungen werden im Stoffgesetz behoben durch die Benutzung von $\underline{D}$, dem Verzerrungsgeschwindigkeitstensor. Trotz allem kann die Form des Stoffgesetzes in Gln. (A73) und (A65) nicht für Probleme mit großen Drehungen angewandt werden, da sie nicht objektiv ist ($\underline{\dot{T}}$ ist nicht objektiv, s. Abschnitt A.3.1.2).

Das Prandtl-Reußsche Stoffgesetz kann für den Fall großer Verzerrungen und Verschiebungen verallgemeinert werden, in dem anstelle von $\underline{\dot{T}}$ der objektive Spannungsänderungstensor, $\overset{*}{\underline{T}}$ in Gl. (A41) benutzt wird, d. h.

$$\overset{*}{\underline{T}} = 2\,G\,\left[\,\underline{\underline{I}} + \frac{\nu}{1-2\nu}\,\underline{I}\,\underline{I} - \beta\,\frac{\underline{\underline{T}}'\,\underline{\underline{T}}'}{\frac{2}{3}\,k_f^2\,\left(1+\frac{1}{3G}\,k'_f\,(\varphi_V)\right)}\,\right] : \underline{D}\,. \tag{A80}$$

Die verallgemeinerte Form der Prandtl-Reuß-Beziehungen in Gl. (A80) verknüpft somit die Formänderungsgeschwindigkeit $\underline{D}$ mit den tatsächlichen, dre-

---

[*] Aus Gl. (A77) geht hervor, daß $2\,G\,\left\{D^{pl}\right\}$ um den Faktor $1/(1 + k'_f\,/3G)$ kurzer ist, als die Projektion von $2G\,\left\{D'\right\}$ auf die Fließflächennormale $\left\{n\right\}$.

hungsunabhängigen Spannungsänderungen, $\overset{*}{\underset{=}{T}}$ (die Jaumannsche Spannungsgeschwindigkeit).

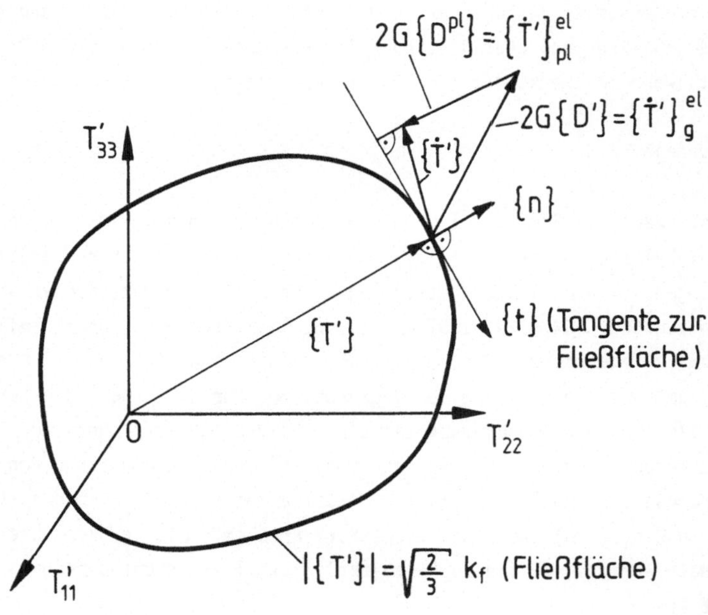

Bild 60. Geometrische Darstellung der Prandtl-Reußschen Fließregel im Spannungsraum.

Berichte aus dem Institut für Umformtechnik der Universität Stuttgart

Herausgeber Professor Dr.-Ing. Kurt Lange

Die Berichte 1 bis 61 sind zu beziehen durch das Institut für Umformtechnik, Holzgartenstr. 17, 7000 Stuttgart 1

Die Berichte 62 und folgende sind zu beziehen durch den Springer-Verlag, Berlin Heidelberg New York Tokyo